ISW Forschung und Praxis

Berichte aus dem Institut für Steuerungstechnik
der Werkzeugmaschinen und Fertigungseinrichtungen
der Universität Stuttgart

Herausgeber: Prof. Dr.-Ing. G. Pritschow

Band 79

Ralf Viefhaus

Fräsergeometriekorrektur in numerischen Steuerungen für das fünfachsige Fräsen

Springer-Verlag
Berlin Heidelberg New York
London Paris Tokyo Hong Kong 1989

D 93

Mit 75 Abbildungen

ISBN 978-3-540-51491-6 ISBN 978-3-642-52332-8 (eBook)
DOI 10.1007/978-3-642-52332-8

Gesamtherstellung: Druckerei Kuhnle, Esslingen

2362/3020-543210

Geleitwort des Herausgebers

In der Reihe „ISW Forschung und Praxis" wird fortlaufend über Forschungsergebnisse des Instituts für Steuerungstechnik der Werkzeugmaschinen und Fertigungseinrichtungen der Universität Stuttgart (ISW) berichtet, das sich in vielfältiger Form mit der Weiterentwicklung des Systems Werkzeugmaschine und anderer Fertigungseinrichtungen beschäftigt. Die Arbeiten dieses Instituts konzentrieren sich im besonderen auf die Bereiche Numerische Steuerungen, Prozeßrechnereinsatz in der Fertigung, Industrierobotertechnik sowie Meß-, Regel- und Antriebssysteme, also auf die aktuellsten Bereiche der Fertigungstechnik. Dabei stehen Grundlagenforschung und anwenderorientierte Entwicklung in einem stetigen Austausch, wodurch ein ständiger Technologietransfer zur Praxis sichergestellt wird.

Die Buchreihe erscheint in zwangloser Folge und stützt sich auf Berichte über abgeschlossene Forschungsarbeiten und Dissertationen. Sie soll dem Ingenieur bei der Weiterbildung dienen und ihm Hilfestellungen zur Lösung spezifischer Probleme geben. Für den Studierenden bietet sie eine Möglichkeit zur Wissensvertiefung. Sie bleibt damit unter erweitertem Namen und neuer Herausgeberschaft unverändert in der bewährten Konzeption, die ihr der Gründer des ISW, der leider allzu früh verstorbene Prof. Dr.-Ing. G. Stute, im Jahre 1972 gegeben hat.

Der Herausgeber dankt der Druckerei für die drucktechnische Betreuung und dem Springer Verlag für Aufnahme der Reihe in sein Lieferprogramm.

G. Pritschow

Vorwort

Die vorliegende Arbeit entstand während meiner Tätigkeit als wissenschaftlicher Mitarbeiter am Institut für Steuerungstechnik der Werkzeugmaschinen und Fertigungseinrichtungen (ISW) der Universität Stuttgart.

Dem Direktor des Instituts, Herrn Professor Dr.-Ing. G. Pritschow, gilt mein besonderer Dank für das rege Interesse an meiner Arbeit, seine Anregungen und seine Unterstützung sowie für die Übernahme des Hauptberichts.

Herrn Professor Dr.-Ing. U. Heisel danke ich für die Übernahme des Mitberichts.

Den Mitarbeitern am Institut danke ich für die kollegiale, offen und konstruktive Atmosphäre der Zusammenarbeit, insbesondere Herrn Dipl.-Ing. W. Kempf und Herrn Dipl.-Ing. J. Zirbs für ihre Diskussionsbeiträge auf dem Gebiet der Programmiersysteme.

Des weiteren möchte ich mich für die Unterstützung hinsichtlich des fachlichen und redaktionellen Gelingens der Arbeit bei Herrn C. Fülberth, Herrn M. Wäder und Herrn D. Wieber bedanken.

Ralf Viefhaus

Inhaltsverzeichnis Seite

Abkürzungen

APT	Automatically Programmed Tools; problemorientierte Programmiersprache für NC-Werkzeugmaschinen
BSEA	Bedienungs- und Steuerdatenein- und -ausgabe; Funktionsblock einer numerischen Steuerung
CAD	Computer Aided Design; rechnerunterstütztes Konstruieren
CAM	Computer Aided Manufacturing; rechnerunterstütztes Fertigen
CAP	Computer Aided Planning; rechnerunterstützte Arbeitsplanung
CLDATA	Cutter Location Data; Sprache für NC-Processorausgabedaten, die als Eingabe für NC-Postprocessoren verwendet werden
DNC	Direct Numerical Control
GEO	Geometriedatenverarbeitung; Funktionsblock einer numerischen Steuerung
IGES	Initial Graphics Exchange Specification
IRDATA	Industrial Robot Data
ISW	Institut für Steuerungstechnik der Werkzeugmaschinen und Fertigungseinrichtungen der Universität Stuttgart
ISWAX5	Programmiersystem für mehrachsiges Fräsen am ISW
NC	Numerical Control; numerische Steuerung
NCVA	NC-Datenverwaltung und -aufbereitung; Funktionsblock einer numerischen Steuerung
PC	Personal Computer
PDDI	Product Definition Data Interface
PDES	Product Data Exchange Specification
PPS	Production Planning System; rechnerunterstützte Produktionsplanung und -steuerung
RAM	Random Access Memory; Schreib-Lese-Speicher
SET	Standard d\` Echange et de Transfer
SPS	Speicherprogrammierbare Steuerung; Funktionsblock einer numerischen Steuerung

STEP	Standard for the Exchange of Product Model Data
VDA	Verband der Automobilindustrie e. V.
VDAFS	VDA-Flächenschnittstelle

Formelzeichen

Vektoren sind durch einen Pfeil, Einheitsvektoren zusätzlich durch eine hochgestellte Null kenntlich gemacht. Formelzeichen, die nur lokal auftreten, werden hier nicht beschrieben.

$\vec{FN}$	Flächennormale in einem Flächenpunkt
h_F	Höhe eines Faßfräsers allgemein
$h_{F,akt}$	Höhe des aktuell eingesetzten Faßfräsers
$h_{F,max}$	größte vom Programmiersystem zugelassene Höhe eines Faßfräsers
$h_{F,min}$	kleinste vom Programmiersystem zugelassene Höhe eines Faßfräsers
k_B	Krümmungsparameter für die Flächenkrümmung in Bahnrichtung
k_N	Krümmungsparameter für die Flächenkrümmung normal zur Bahnrichtung im Normalprofilschnitt
l_F	Fräserlänge (bei allen Frästertypen)
l_K	Länge einer Polynomkurve mit einem Segment
$l_{K,i}$	Längen der Segmente einer Polynomkurve
P_{Gl}	Begrenzungspunkt des Regelstrahls einer Regelfläche auf der Grundleitlinie
P_{Sl}	Begrenzungspunkt des Regelstrahls einer Regelfläche auf der Scheitelleitlinie
$\vec{Q}$	Fräserachsrichtungsvektor
$\vec{R} = f(u,v)$	vektorielle Parameterdarstellung einer gekrümmten Fläche
r_B	Flächenkrümmungsradius in Bahnrichtung
R_d	Fräsrillenbreite
r_E	Eckenradius eines Schaftfräsers mit Eckenradius allgemein
$r_{E,akt}$	Eckenradius des aktuell eingesetzten Fräsers
$r_{E,max}$	größter vom Programmiersystem zugelassener Fräsereckenradius
$r_{E,min}$	kleinster vom Programmiersystem zugelassener Fräsereckenradius
r_F	Fräserradius allgemein (bei allen Fräsertypen)
$r_{F,akt}$	Radius des aktuell eingesetzten Fräsers

$r_{F,max}$	größter vom Programmiersystem zugelassener Fräserradius
$r_{F,min}$	kleinster vom Programmiersystem zugelassener Fräserradius
r_W	Werkzeugradius
$\overrightarrow{R_{FRP}}$	erzeugender Vektor des Fräsrillenprofils im Normalprofilschnitt
$\overrightarrow{R_{Gl}}$	Vektor vom Schnittpunkt Regelstrahl/Grundleitlinie einer Regelfläche zur Fräserachse
r_K	Krümmungsradius eines Faßfräsers allgemein
$r_{K,akt}$	Krümmungsradius des aktuell eingesetzten Faßfräsers
$r_{K,max}$	größter vom Programmiersystem zugelassener Krümmungsradius eines Faßfräsers
$r_{K,min}$	kleinster vom Programmiersystem zugelassener Krümmungsradius eines Faßfräsers
r_N	Flächenkrümmungsradius normal zur Bahnrichtung im Normalprofilschnitt
$\overrightarrow{R_P}$	Vektor zum Fräsereingriffspunkt P auf einer Fläche
$\overrightarrow{R_S}$	Vektor zur Fräserspitze
$\overrightarrow{R_{Sl}}$	Vektor vom Schnittpunkt Regelstrahl/Scheitelleitlinie einer Regelfläche zur Fräserachse
R_t	Fräsrillentiefe (Rauhtiefe) allgemein
$R_{t,akt}$	aktuelle Fräsrillentiefe
$R_{t,max}$	maximal zulässige Fräsrillentiefe
r_V	Verrundungsradius eines Kegelfräsers mit runder Stirn
S	Position der Fräserspitze
T_B	Bearbeitungszeit
$\overrightarrow{TB}$	Flächentangente in Bahnrichtung
$\overrightarrow{TN}$	Flächentangente normal zur Bahnrichtung im Normalprofilschnitt
$\overrightarrow{T_u}$	Flächentangente in u-Richtung
$\overrightarrow{T_v}$	Flächentangente in v-Richtung
v_{Bahn}	Bahngeschwindigkeit (Vorschubgeschwindigkeit im Eingriffspunkt)
v_S	Vorschubgeschwindigkeit der Fräserspitze

$\vec{V_1}, \vec{V_2}$	Basiskoordinatensystem der Stirn eines Schaftfräsers
α	Winkel zwischen Vertikale und Mantellinie beim Kegelfräser allgemein
α_{akt}	aktueller Wert für α
α_{max}	größter vom Programmiersystem zugelassener Wert für α
α_{min}	kleinster vom Programmiersystem zugelassener Wert für α
β	resultierender Voreilwinkel (Winkel zwischen Fräserachse und Flächennormale in einem Flächenpunkt)
β_1	minimaler Voreilwinkel auf Grund der lokalen Flächenkrümmungsradien in einem Flächenpunkt
β_2	minimaler Voreilwinkel, bei dem keine Kollision zwischen Fräser und Fräsbahn eintritt
$\beta_{3,min}, \beta_{3,max}$	Bereich des Voreilwinkels, in dem unter Berücksichtigung aller Möglichkeiten Kollisionsfreiheit herrscht
β_4	Voreilwinkel, der vom Programmierer vorgegeben wird
β_{Grenz}	für $\beta \leq \beta_{Grenz}$ ist die Fräsrillenbreite gleich dem Fräserdurchmesser
τ	Fräserseitwärtswinkel: Winkel zwischen der Bahntangenten $\vec{TB}$ und der Projektion des Fräserachsrichtungsvektors $\vec{Q}$ auf die Ebene, die durch die Vektoren $\vec{TB}$ und $\vec{TN}$ aufgespannt wird
$\Delta T_{B,rel}$	relative, prozentuale Verlängerung der Bearbeitungszeit
$\Delta R_{t,rel}$	relative, prozentuale Veränderung der Rauhtiefe
μ	Übergangswinkel: Winkel zwischen zwei aufeinanderfolgenden NC-Sätzen bei der $2^1/_2$achsigen Bearbeitung

1 Einleitung

Die Fertigungsverfahren für gekrümmte Oberflächen lassen sich in die abtragenden Verfahren (Funkenerosion, elektrochemisches Senken) und die spanenden Verfahren (dreiachsiges Nachformfräsen und numerisch gesteuertes Fräsen) einteilen /1/. Bei den abtragenden Verfahren können die spanenden Verfahren wiederum bei der Fertigung von hierzu notwendigen Elektroden zum Einsatz kommen. Das numerisch gesteuerte Fräsen löst bei den spanenden Verfahren das Nachformen ab und hat in den letzten Jahren zunehmend Verbreitung gefunden. Anwendungen finden sich hauptsächlich in der Luft- und Raumfahrttechnik, im Schiffsbau, Automobilbau, Strömungsmaschinenbau und im Werkzeug- und Formenbau allgemein. Bei kleinen Losen, z.B. in der Luft- und Raumfahrttechnik, überwiegt die direkt spanende Bearbeitung, bei großen Serien, z.B. im Automobilbau, steht die Herstellung von Formen und Werkzeugen im Vordergrund. Als besonders günstig bezüglich der erzielbaren Werkstückgeometrie und der Bearbeitungstechnologie hat sich das fünfachsige NC-Fräsen erwiesen, bei dem die Lage der Fräserspitze und die Richtung der Fräserachse kontinuierlich, simultan und gesteuert verändert werden /2/. Das fünfachsige NC-Fräsen wird im folgenden vereinfachend nur noch fünfachsiges Fräsen genannt.

Ausgehend von den Vorgaben des Konstruktionsbereichs werden die NC-Steuerdaten in der Arbeitsvorbereitung mit einem Programmiersystem, das sich in NC-Processor und NC-Postprocessor gliedert, erzeugt. Mit dem NC-Processor des Programmiersystems wird zunächst eine Werkstückbeschreibung und weitergehend eine Definition von Werkzeugbewegungen, Vorschub, Drehzahl u.a. vorgenommen /3/. Die Kopplung des Programmiersystems mit einem CAD-System erübrigt die erneute Werkstückbeschreibung mit dem Programmiersystem /4/ und bietet damit eine Reihe von Vorteilen /5/; eine Anzahl von Kopplungen zwischen CAD- und Programmiersystemen kann bereits für unterschiedliche Bearbeitungsverfahren beobachtet werden /4,5/. Der NC-Processor erzeugt CLDATA-Texte, die vom NC-Postprocessor an die spezielle Steuerung und Maschine angepaßt werden /6/, sodaß schließlich Programme nach DIN 66025 /7/ an die numerische Steuerung übergeben werden können.

Die heutige Form der Arbeitsteilung und der Entkopplung insbesondere zwischen Programmiersystem und numerischer Steuerung führt beim fünfachsigen Fräsen dazu, daß für sich ändernde Fräsergeometrien jeweils neue NC-Programme in der Arbeitsvorbereitung erstellt werden müssen oder eine Vorratshaltung von Werkzeugen mit standardisierten Abmessungen notwendig ist. Die erste Lösung führt mit den oft beträchtlichen Laufzeiten des NC-Processors und dem notwendigen organisatorischen Zusatzaufwand, zumal bei räumlicher Trennung von Arbeitsvorbereitung und NC-Fertigung, zu einer Verschlechterung der Wirtschaftlichkeit. Die zweite Lösung führt zu einem materiellen und damit ebenfalls unwirtschaftlichen Mehraufwand.

Daraus folgt die Forderung, die aktuelle Fräsergeometrie in der Steuerung zu berücksichtigen /4/. Kann die Fräsergeometrie bei der Bearbeitung durch einen Schaftfräser in zwei Achsen mit einer Zustellachse, allgemein als $2^1/_2$achsiges Fräsen bekannt, noch mit Fräserlänge und -radius einfach beschrieben werden, kommen bei den für das fünfachsige Fräsen verwendeten Fräsertypen neben der Fräserlänge evtl. mehrere Geometrieangaben in Betracht. Während für die Fräserlängenkorrektur beim fünfachsigen Fräsen eine Lösung bekannt ist /3/, die heute zunehmend als Stand der Technik gilt, sind für die Berücksichtigung der sonstigen Fräsergeometrie keine zufriedenstellenden Lösungen bekannt. Die Forderung der Anwender zielt hier primär auf die Möglichkeit, Änderungen der Fräsergeometrie in kleinen Bereichen vornehmen zu können, um ein sogenanntes Schwesterwerkzeug benutzen zu können, das dem vorgesehenen Fräser weitestgehend gleicht, oder um den Verschleiß bzw. das Nachschleifen eines Fräsers berücksichtigen zu können. Wünschenswert ist dabei, daß die Änderung der Fräsergeometrie ohne Abbruch des laufenden NC-Programms möglich ist und die neue Fräsergeometrie in Echtzeit verarbeitet wird. Der Wunsch nach einer weitergehenden Wahlfreiheit hinsichtlich Fräsertyp und -geometrie wird vom Anwender nicht als prior angesehen.

Eine weitere, wichtige Forderung der Anwender betrifft den Wunsch, direkt an der Maschine zusätzliche Schruppzyklen angeben zu können, die einen Offset zu einem vorgegebenen Zyklus besitzen, um so größere Rohteile bearbeiten zu können, als vom Programmiersystem vorgesehen war.

Die Vorbearbeitung eines Werkstücks mit gekrümmten Flächen durch $2^1/_2$achsiges oder durch dreiachsiges Fräsen nimmt in der Regel einen großen Teil der Gesamtbearbeitungszeit ein. Unter dem Aspekt der Komplettbearbeitung sind daher auch Lösungen für die Fräsergeometriekorrektur und die Schruppbearbeitung mit einem Offset bei diesen Fräsverfahren wichtig. Lösungen für eine allgemeine Werkzeugradiuskorrektur für $2^1/_2$achsige Bearbeitung wie z.B. /8/ sind heute Standard in einer NC, während Lösungen für das dreiachsige Fräsen /9,10,11,12/ nur vereinzelt zu finden sind. Lösungen für die Vorgabe zusätzlicher Schruppzyklen unter Berücksichtigung eines Offsets sind ebenfalls für das $2^1/_2$- und dreiachsige Fräsen vorhanden.

Das Hauptanliegen dieser Arbeit ist es, für das fünfachsige Fräsen Lösungen für eine Fräsergeometriekorrektur aufzeigen, die die Möglichkeit bietet, die Fräsergeometrie in beschränktem, definiertem Umfang in der Werkstatt an der numerischen Steuerung und auch während der Bearbeitung eines NC-Programms ändern zu können. Weiterhin soll die Möglichkeit von Lösungen für das Einfügen zusätzlicher Schruppzyklen unter Berücksichtigung eines Offsets betrachtet werden. Bei der Realisierung dieser Lösungen ergeben sich Änderungen in der Programmstruktur und in der Art der Programmierung der NC. Unter dem Gesichtspunkt der Komplettbearbeitung ist die Anwendung der erarbeiteten Lösungsprinzipien auf das dreiachsige Fräsen zu berücksichtigen, das hier nicht einfach als Untermenge des fünfachsigen Fräsens gesehen werden darf und daher zu modifizierten Lösungen führt. Auf die Werkzeugradiuskorrektur für $2^1/_2$achsiges Fräsen soll nur soweit eingegangen werden, daß die Anforderungen und grundsätzlichen Lösungen aus heutiger Sicht behandelt werden.

2 Fünfachsiges Fräsen gekrümmter Flächen

Der Weg zum fünfachsigen Fräsen gekrümmter Oberflächen führt in einer Gesamtlösung von der Konstruktion über die Arbeitsvorbereitung mit einem Programmiersystem bis zum eigentlichen, numerisch gesteuerten Fräsen mit der Werkzeugmaschine. Für die Erarbeitung von Möglichkeiten für eine Fräsergeometriekorrektur in der Steuerung sollen, ausgehend von der Kenntnis der Technologie des fünfachsigen Fräsens und der Struktur einer Gesamtlösung, sowohl die Aufgaben und das Arbeitsprinzip eines Programmiersystems wie auch die Struktur und die Funktionen einer heutigen numerischen Steuerung für das fünfachsige Fräsen betrachtet werden.

2.1 Technologie des fünfachsigen Fräsens

Eine gekrümmte Fläche wird beim fünfachsigen Fräsen nicht exakt bearbeitet, sondern kann durch die entstehenden Fräsrillen lediglich angenähert werden /13,14,15/. Die Fräsbahnen oder auch Fräszeilen werden üblicherweise als Punktfolgen vorgegeben, die sich aus der ursprünglich ermittelten Raumkurve unter Berücksichtigung einer zugelassenen Linearisierungstoleranz ergeben. Die so berechneten Punkte stellen damit die Berührpunkte zwischen der Sollfläche und dem Fräser dar.

Die Relativbewegung zwischen Werkstück und dem sich auf der berechneten Fräsbahn bewegenden Fräser führt zu der Entstehung einer Fräsrille. Die Form der Fräsrille läßt sich nicht analytisch bestimmen, jedoch kann sie näherungsweise als sogenanntes Fräsrillenprofil in der Normalprofilschnittebene beschrieben werden /1,15/ (Bild 2.1). Die Normalprofilschnittebene geht durch den betrachteten Fräspunkt und steht senkrecht auf der Tangente in Bahnrichtung. Die Betrachtung des Fräsrillenprofils in der Normalprofilschnittebene bildet eine der Grundlagen bei der Berechnung der Fräsbahnen.

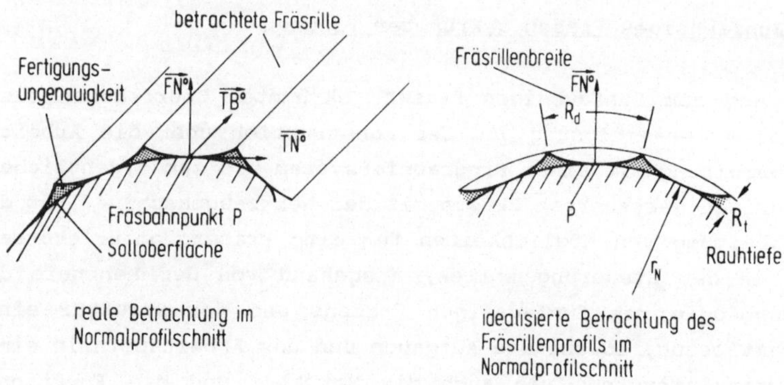

Bild 2.1: Fräsrillenprofil in der Normalprofilschnittebene (nach /15/)

Werkstückgeometrie	• Gesamtgeometrie • Einteilung in einzelne Bearbeitungsflächen
Grad der Vorbearbeitung	• mit zweieinhalbachsigem Fräsen • mit dreiachsigem Fräsen
Bearbeitungsgenauigkeit	• Approximation der Solloberfläche • max. zugelassene Rauhigkeit unter Berück-sichtigung der erforderlichen Nacharbeit
Fräserauswahl	• Fräsertyp • Fräsermaße
Bearbeitungsmodus	• Stirnfräsen, Umfangsfräsen
Fräserführung	• Fräsbahnrichtung • Pendelfräsen, Zeilenfräsen
Kollisionsmöglichkeiten	• Fräser - Werkstück • Fräser - Maschine / Vorrichtungen
Vorschubgeschwindigkeit	• abhängig von Werkstoff, Schneide und Spanvolumen
Kinematik der Maschine	• abhängig von den Antrieben

Bild 2.2: Einflußgrößen beim fünfachsigen Fräsen

Die Fräsbahnen sind hinsichtlich Lage, Richtung und Abstand so zu legen, daß das Werkstück im Rahmen der vorgegebenen Form- und Maßabweichung wirtschaftlich gefertigt wird. Als primäres Ziel einer wirtschaftlichen Fertigung gilt die möglichst weitgehende Bearbeitung des Werkstücks /1,2/, um die notwendige Nacharbeit so gering wie möglich zu halten. Ein weiteres Kriterium für die Wirtschaftlichkeit bildet die Bearbeitungszeit, die dann am kürzesten ist, wenn die Fräsrillenbreite R_d maximal und somit die Anzahl der Fräsbahnen minimal wird. Die Fräsrillenbreite R_d, auch als Überdeckung bezeichnet, kennzeichnet weiterhin das Maß der Anpassung der Fräser- an die Werkstückgeometrie.

Über die genannten Punkte hinaus wird die fünfachsige Fertigung eines Werkstücks durch eine Vielzahl von Einflußgrößen bestimmt, die teilweise miteinander in Wechselwirkung stehen (Bild 2.2).

2.2 Struktur einer Gesamtlösung für das fünfachsige Fräsen

Die Struktur einer Gesamtlösung für das fünfachsige Fräsen kann in die drei Bereiche Konstruktion, Programmierung (Arbeitsvorbereitung) und Fertigung gegliedert werden (Bild 2.3). Von Interesse sind die grundsätzlichen Aufgaben und Schnittstellen.

Auf der Konstruktionsebene wird zunächst die Konstruktion des Produkts durchgeführt. Wird das Produkt nicht direkt und spanend gefertigt, sondern mittels einer Form oder eines Werkzeugs, wird für Form oder Werkzeug ein zusätzlicher Konstruktionsvorgang notwendig /4/. Das durch Fräsen zu fertigende Werkstück kann also fallweise das Produkt selber oder die zu seiner Herstellung benötigte Form oder das Werkzeug sein.

Die Konstruktion des Werkstücks kann durch Erstellen eines Modells, durch Erstellen von Zeichnungen oder über ein CAD-System, das wiederum Konstruktionspläne erzeugt, erfolgen. Bei

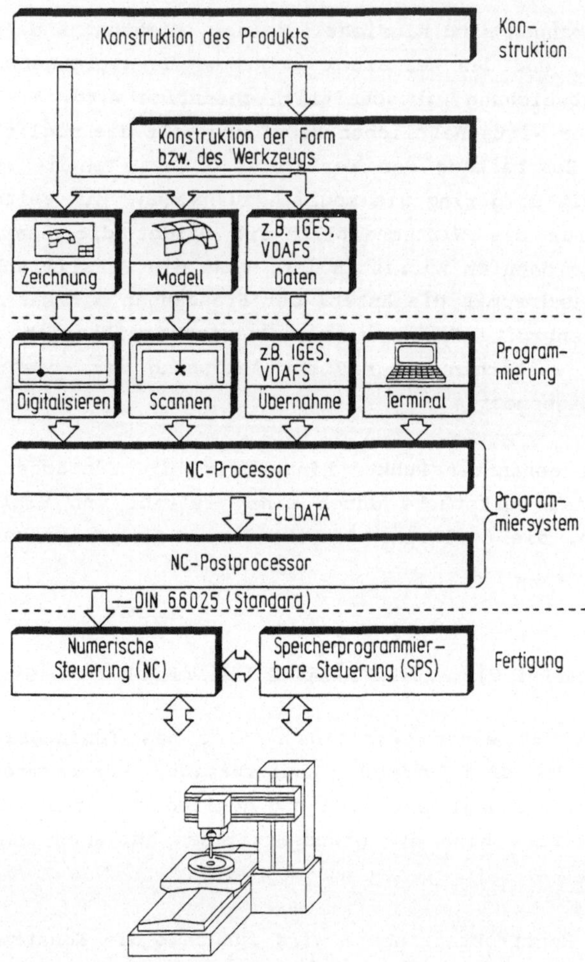

Bild 2.3: Struktur einer Gesamtlösung für das fünfachsige Fräsen

diesen Lösungen muß üblicherweise eine erneute Werkstückbeschreibung in der Arbeitsvorbereitung mit dem Programmiersystem vorgenommen werden. Alternativ wird in zunehmendem Maß die Möglichkeit geschaffen, die Werkstückbeschreibung direkt in Form von Daten an die Arbeitsvorbereitung oder auch an ein anderes CAD-System zu übergeben. Grundsätzlich ist hier hinsichtlich der Werkstückbeschreibung ein Modell gefordert, aus dem sich die Beschreibung der Einzelflächen und ihre topologischen Beziehungen ableiten lassen. Als gebräuchliche Modellschnittstellen können heute vor allem VDAFS /16,17/ und IGES /18/ genannt werden. Weder die VDAFS- noch die IGES-Modellschnittstelle erfüllen jedoch alle Anforderungen /19/, die VDA-Flächenschnittstelle stellt zudem keinen internationalen Standard dar /4/.

Das Programmiersystem kann die in Bild 2.3 skizzierten Möglichkeiten der Werkstückbeschreibung bieten. Bei Erzeugung der Werkstückbeschreibung durch Digitalisieren einer Zeichnung, Scannen eines Modells oder bei Übernahme der Werkstückbeschreibung über eine Modellschnittstelle wird für die Eingabeinformationen in der Regel ein Postprocessor notwendig, der aber keine Gemeinsamkeiten mit dem NC-Postprocessor besitzt. Im letzten Fall erzeugt beispielsweise der Postprocessor, der auf den gegebenen NC-Processor des Programmiersystems zugeschnitten ist, zunächst eine vom NC-Processor verwertbare Datenbasis mit numerischen Flächenbeschreibungen, Kurvenbeschreibungen und bzw. oder Punktfolgen sowie topologischen Angaben (Bild 2.4) /4/.

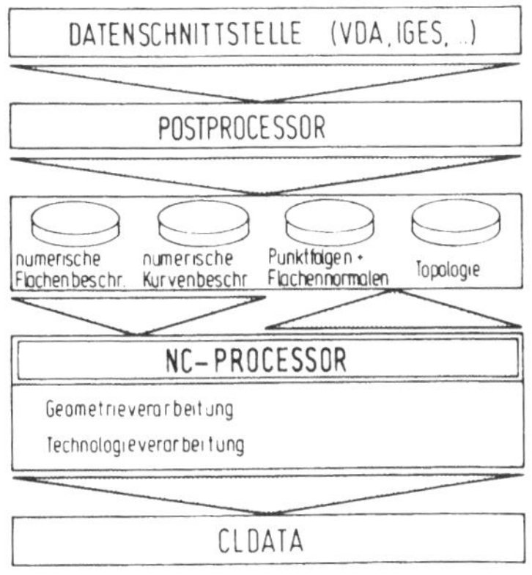

Bild 2.4: Datenschnittstellen eines Programmiersystems

Mit dem NC-Processor werden zunächst NC-Programme in der Form von CLDATA-Texten erzeugt, in denen neben topologischen Informationen die Positionen der Fräserspitze und die jeweils zugehörige Richtung der Fräserachse unabhängig von den tatsächlich zu verfahrenden Achswerten der Maschine definiert werden. Die CLDATA-Texte beinhalten bereits keine expliziten Informationen über die Werkstückgeometrie mehr. Der NC-Postprocessor berechnet über die sogenannte Rückwärtstransformation (Transformation vom Werkstück- in das Maschinenkoordinatensystem) /20/ die Achswerte für die Maschine, fügt dabei zusätzliche Punkte zur Verringerung des kinematischen Fehlers ein /21,22,2,23/ und erzeugt schließlich NC-Programme nach DIN 66025, die auf die spezielle Kombination von Steuerung und Maschine zugeschnitten sind.

Die NC-Steuerung decodiert die NC-Daten und versorgt zum einen die Antriebe der Maschine mit Sollwerten, zum anderen werden über die mit der NC-Steuerung gekoppelte speicherprogrammierbare Steuerung (SPS) Schaltinformationen zur Maschine geleitet. Die oben genannte Funktion des NC-Postprocessors, nämlich die Rückwärtstransformation in Verbindung mit dem Einfügen zusätzlicher Zwischenpunkte, kann in die NC verlagert sein /3/.

2.3 Arbeitsweise eines NC-Programmiersystems

Die Arbeitsweise und Leistungsfähigkeit eines NC-Programmiersystems wird hauptsächlich durch den NC-Processor bestimmt. Drei wesentliche Funktionsbereiche lassen sich unterscheiden (Bild 2.5):

- Bereitstellung der Werkstückgeometrie,
- Eingabemöglichkeit von Vorgaben des Programmierers für die Bearbeitung und
- Rechenalgorithmen zur automatischen Bestimmung der Fräsbahnen sowie zur Erzeugung der NC-Daten in Form von CLDATA-Texten.

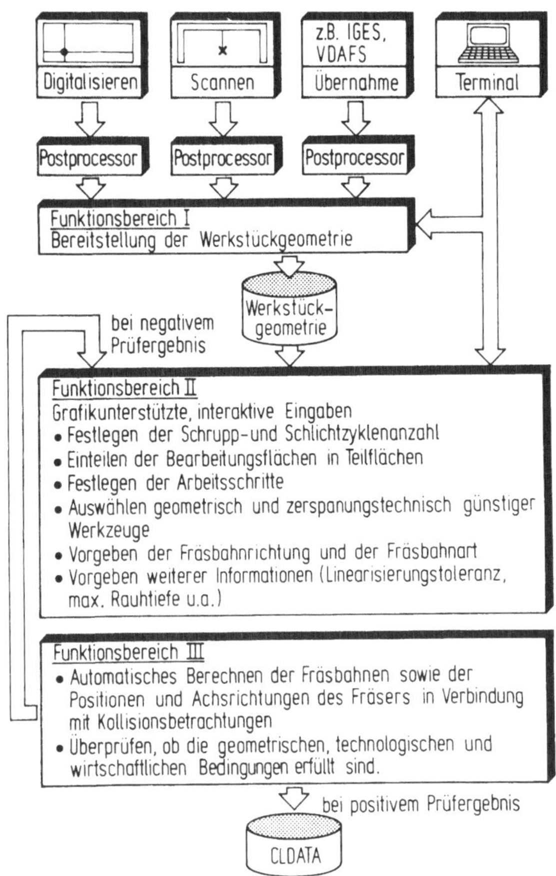

Bild 2.5: Funktionsbereiche eines NC-Processors

Die Bereitstellung der Werkstückgeometrie stellt einen einmaligen Vorgang dar; wesentlich ist hier die schon genannte Forderung nach einem Modell, aus dem die Beschreibungen der Einzelflächen mit ihrem topologischen Zusammenhang abgeleitet werden können. Die Eingabemöglichkeit von Vorgaben für die Bearbeitung ist notwendig, da die hier zu treffenden Entscheidungen wegen der Komplexität der Aufgabenstellung und der Vielfalt der Lösungsmöglichkeiten nur schwer algorithmisierbar sind und daher nicht vom Rechner übernommen werden können /15/. Die Entscheidungen bleiben deshalb dem Programmierer überlassen, dessen Erfahrung und Kompetenz eine sehr wesentliche Rolle spielen. Auf der Basis der Werkstückbeschreibung und der Vorgaben erzeugt das Programmiersystem das NC-Programm. Bei der Berechnung der Fräserpositionen und der jeweiligen Achsrichtung sind die Kollisionsbetrachtungen, die bei Berücksichtigung aller möglichen Kollisionspaarungen (Bild 2.6) sehr rechenintensiv sind, von großer Bedeutung. Das erzeugte NC-Programm wird hinsichtlich der Einhaltung der geometrischen, technologischen und wirtschaftlichen Bedingungen überprüft. Bei negativem Ergebnis wird über eine Änderung der Vorgaben durch den Programmierer ein erneuter NC-Processorlauf initiiert (Bild 2.5).

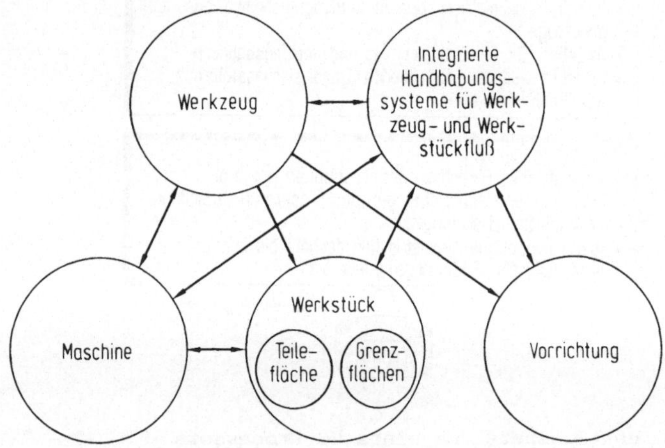

Bild 2.6: Mögliche Kollisionspaarungen einer Werkzeugmaschine

Insgesamt ergibt sich für die NC-Programmerstellung ein stark heuristischer, iterativer Vorgang, der durch einen - in der Regel grafikunterstützten - Dialog zwischen Mensch und Rechner geprägt ist und hinsichtlich seiner Dauer, abhängig von der Problemstellung und der Qualifikation des Programmierers, Stunden oder sogar Tage in Anspruch nehmen kann.

2.4 Numerische Steuerungen für das fünfachsige Fräsen

Die Struktur und die Funktionen heutiger numerischer Steuerungen für das fünfachsige Fräsen sollen betrachtet werden, soweit es für die vorliegende Arbeit nützlich ist.

Die Hardwarelösung der heute verfügbaren Steuerungen für das fünfachsige Fräsen stützt sich in der Regel auf das Konzept eines modularen Mehrprozessorsystems /24/, wie es auch für andere Bearbeitungsverfahren eingesetzt wird und bereits in den siebziger Jahren entwickelt wurde /25,26/, oder den Einsatz eines Mini-Rechners (z.B. PDP11 der Fa. Digital Equipment) mit zusätzlicher Hardware /27,28/. Hinsichtlich der Software verfügen die Steuerungen über eine im wesentlichen vergleichbare Grundstruktur mit mehreren Funktionsblöcken (Bild 2.7). Der Funktionsblock "Bedienungs- und Steuerdatenein- und -ausgabe" (BSEA) sorgt für die Kommunikation zwischen den verschiedenen externen Schnittstellen, zu denen auch die zum Bedienungsfeld gezählt wird, und den verschiedenen Speicherbereichen der NC. Diese bestehen heute aus Schreib-Lese-Speichern (RAM), jedoch kann auch die Integration von Disketten-Einheiten /28/ oder Festplattenspeichern beobachtet werden. Der Funktionsblock "NC-Datenverwaltung und -aufbereitung" (NCVA) berechnet aus den NC-Daten Stützpunkte für den Funktionsblock "Geometriedatenverarbeitung" (GEO), die zunächst in einem sogenannten Vorlaufpuffer zwischengespeichert werden. Die Geometriedatenverarbeitung gliedert sich in Interpolation, evtl. Transformation mit Werkzeuglängenkorrektur sowie Lageregelung. Die NC-Ablaufsteuerung ist für die Koordination aller Funktionsblöcke verantwortlich. Der Funktionsblock "Speicherprogrammierbare Steuerung" (SPS) - er ist nicht in Bild 2.7 enthalten, da er in der Regel gerätetechnisch eigenständig ausgeführt ist - steuert die Maschinenfunktionen und wird in der Regel über den Funktionsblock "Geometriedatenverarbeitung" der Steuerung zeitlich synchronisiert.

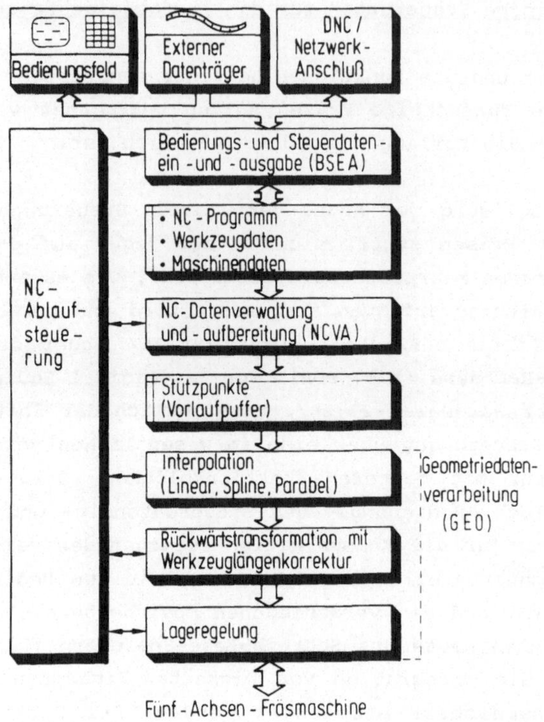

Bild 2.7: Struktur einer numerischen Steuerung für das fünfachsige Fräsen

Eine allgemeine Übersicht über die Anforderungen an Steuerungen für das fünfachsige Fräsen zeigen Bild 2.8 und 2.9. Die Möglichkeiten der Programmierung, insbesondere auch die Möglichkeit von Änderungen über das Bedienungsfeld der NC, bilden hierbei einen wichtigen Bereich. Programme nach DIN 66025 mit der Vorgabe von Achswerten für die drei Translations- und zwei Rotationsachsen der Maschine bilden die konventionelle Lösung (Bild 2.10) und können heute noch als Standard gelten. In zunehmendem Maß setzt sich die Lösung durch, daß statt dessen die Stützpunkte für die Fräserspitze vorgegeben werden. Die Vorgabe eines Stützpunktes mit den kartesischen Koordinaten für die Fräserspitze und mit dem Fräserachsrichtungsvektor er-

Numerische Steuerungen für fünfachsige Fräsmaschinen	
Anforderungen	Realisiert
Allgemeine Anforderungen	
• Flexible, ausbaufähige Mehrprozessor-Hardware	Ja
• Modulare, erweiterbare Systemsoftware in Hochsprache	Ja
• DNC-Anschluß	Ja
• Integrierter Netzwerkanschluß	Ja
• Integrierbarer Massenspeicher für DNC-unabhängigen Betrieb	Ja
Zeitverhalten der Steuerung	
• Satzfolgezeit im DNC-Betrieb ≤ 10ms	Nein
• Satzfolgezeit ab CNC-Programmspeicher ≤ 10ms	Tendenziell
• Satzfolgezeit im CNC-Geometrieteil ≤ 10ms	Ja
• Zykluszeit der Lageregelung ≤ 10ms	Ja
Programmierung der Steuerung	
• Programmierung bezüglich des Werkzeugbezugspkts	Ja
• Programmierung bezüglich der Werkzeugspitze mit rechnerinterner Transformation	Ja
• Direkte Programmierung des Vorschubs	Ja
• Maßstabsänderung	Ja
• Werkstücktransformation	Ja
• Spiegelung	Ja
• Nullpunktverschiebungen	Ja
• Möglichkeiten der Programmkorrektur an der CNC	Ja
• Sinnvolle Rückgabe geänderter Programme an die Arbeitsvorbereitung	Nein
• Zusätzliche Schruppbearbeitung unter Berücksichtigung eines Offsets	Nein

Bild 2.8: Anforderungen an numerische Steuerungen für fünfachsiges Fräsen (1. Teil)

möglicht der NC die Rückwärtstransformation vom Werkstück- in das Maschinenkoordinatensystem, die bei der konventionellen Programmierung im NC-Postprocessor erfolgt. Folgende Vorteile ergeben sich aus dieser Lösung /4/:

- Möglichkeit der Fräserlängenkorrektur,
- Programmieren der Vorschubgeschwindigkeit an der Fräserspitze in Annäherung an die Geschwindigkeit im Fräsereingriffspunkt,

- Reduktion des Datenumfangs durch Fortfall der zusätzlichen Fräspositionen, die bei der konventionellen Programmierung zum Ausgleich des kinematischen Fehlers im Rahmen der Rückwärtstransformation im NC-Postprocessor eingefügt werden, und dadurch bedingt
- Entlastung der NC-Datenverwaltung und -aufbereitung sowie ggf. der DNC-Schnittstelle.

Numerische Steuerungen für fünfachsige Fräsmaschinen	
Anforderungen	Realisiert
Möglichkeiten zur Datenreduktion	
• Spezielle Datenformate für das NC-Programm	Ja
• Parametrisierbare, verschachtelbare Unterprogramme	Ja
• Spline - Interpolation	Ja
• Transformation in der CNC	Ja
Werkzeugkorrekturen	
• Werkzeuglängenkorrektur mit Geschwindigkeitsanpassung	Ja
• Werkzeugradiuskorrektur für Kugelkopffräser	Eingeschränkt
• Werkzeugradiuskorrektur für andere Fräser	Nein
Look Ahead - Eigenschaften	
• Geschwindigkeits- und Beschleunigungskontrolle in Abhängigkeit von den Maximalwerten der Einzelachsen	Ja
• Geschwindigkeits- und Beschleunigungskontrolle in Abhängigkeit von der Belastung der Steuerung und ggfs. der versorgenden Schnittstelle	Ja
• Automatische Eckenverzögerung	Ja
Werkzeugwechsel	
• Automatisches Verlassen und Wiederanfahren des Werkstücks mit Berücksichtigung der fünfachsigen Kinematik	Geplant

Bild 2.9: Anforderungen an numerische Steuerungen für fünfachsiges Fräsen (2. Teil)

Während für die Fräserlängenkorrektur also eine Lösung existiert, gibt es keine Lösung für eine von den Anwendern als wichtig erachtete, weitergehende Frösergeometriekorrektur. Eine eingeschränkte Lösung wird lediglich für die Fräsertypen zylindrischer Gesenk- und Kugelkopffräser angeboten /27/. Die Lösung hält die Werkzeugeingriffsbahn korrekt ein, führt aber zu einer Veränderung der Seitwärtsgenauigkeit, da sich die Anzahl der Fräsbahnen nicht ändert.

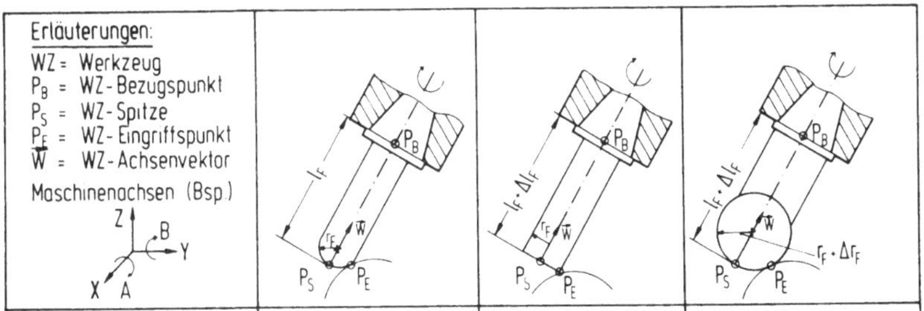

Erläuterungen: WZ = Werkzeug P_B = WZ-Bezugspunkt P_S = WZ-Spitze P_E = WZ-Eingriffspunkt $\vec{W}$ = WZ-Achsenvektor Maschinenachsen (Bsp.) Z, B, Y, X, A	l_F, r_F, $\vec{W}$, P_B, P_S, P_E	$l_F + \Delta l_F$, r_F, $\vec{W}$, P_B, P_S, P_E	$l_F + \Delta l_F$, $r_F + \Delta r_F$, $\vec{W}$, P_B, P_S, P_E
Schnittstelle	Konventionell Ohne Korrektur	Stand der Technik WZ-Längenkorrektur	Zukünftig ? WZ-Längenkorrektur WZ-Geometriekorrektur
Processor-Postprocessor	CLDATA: P(W6...W8), $\vec{W}$(W9...W11)	CLDATA: P_S(W6...W8), $\vec{W}$(W9...W11)	?
Postprocessor - NC	DIN 66025: Maschinenachswerte X,Y,Z,A,B	DIN 66025: P_S(X,Y,Z), $\vec{W}$(I,J,K)	?
Eingabe am NC-Bedienungsfeld	—	Δl_F	Δl_F, Δr_F

Bild 2.10: Berücksichtigung der Werkzeuggeometrie in numerischen Steuerungen für das fünfachsige Fräsen

Die von den Anwendern ebenfalls mit hoher Priorität geforderte Möglichkeit, zusätzliche Schruppzyklen mit einem Offset hinsichtlich einer schon programmierten Schruppbearbeitung an der Steuerung definieren zu können, wird heute in Steuerungen für das fünfachsige Fräsen grundsätzlich nicht erfüllt.

Die im Zusammenhang mit der in die NC integrierten Transformation genannte Reduktion des NC-Datenumfangs gilt als allgemeine, wichtige Forderung, da die konventionellen NC-Programme durchaus einen Umfang in der Größenordnung von einigen MByte erreichen können. Neben der Integration der Transformation in die Steuerung sind weitere Möglichkeiten bekannt (Bild 2.9).

Bei Steuerungslösungen für das fünfachsige Fräsen gilt weiterhin das Zeitverhalten der Steuerung als kritische Größe. Betrachtet man die heutige Entwicklung, z.B. zum Hochgeschwindigkeitsfräsen von Aluminium mit ca. 6 m/min und mehr, und definiert eine Zeit von 10 ms als Zielwert für die Zykluszeit der Lageregelung und für die Satzfolgezeit insgesamt, so ist dieser Wert heute für die Zykluszeit der Lageregelung und die Satzfolgezeit in der Geometriedatenverarbeitung der NC verwirklicht (Bild 2.8). Die NC-Datenverwaltung und -aufbereitung kann dagegen diesen Wert für die Satzfolgezeit allenfalls tendenziell einhalten. Wird ein NC-Programm nicht aus dem NC-Programmspeicher heraus abgearbeitet, sondern über die DNC-Schnittstelle satzweise an die Steuerung übergeben, werden 10 ms als Satzfolgezeit der gesamten NC heute eindeutig nicht erreicht. Im DNC-Betrieb kann sich dabei auch die beschränkte größtmögliche effektive Übertragungsrate bemerkbar machen. Der Einsatz integrierter Massenspeicher verbindet vergleichsweise gute Satzfolgezeiten mit ausreichendem Speicherplatz und der Zugriffsmöglichkeit auf das vollständige, aktuelle NC-Programm. Der Vorlaufpuffer (Bild 2.7) kann in kurzfristigen, kritischen Situationen ausgleichend wirken. Da sein Füllstand direkt auf die zeitliche Belastung der NC schließen läßt, wird ein geringer Füllstand bei einigen Steuerungen zudem zum Anlaß genommen, die Bahngeschwindigkeit und damit die zeitliche Belastung der Steuerung so weit zu verringern, daß keine Unterbrechung der Bearbeitung erfolgt.

Fünfachsige Fräsmaschinen werden auch für die Komplettbearbeitung, also außer für das fünfachsige Fräsen auch für das $2^1/_2$-achsige oder dreiachsige Fräsen, eingesetzt. Betrachtet man insbesondere die Möglichkeiten einer Fräsergeometriekorrektur, so liegen für das $2\ ^1/_2$achsige Fräsen zahlreiche Lösungen vor. Beim dreiachsigen Fräsen sind im Gegensatz zum fünfachsigen Fräsen und bedingt durch die einfachere Kinematik der Maschine bereits einige, unterschiedliche Lösungen für eine Berücksichtigung der aktuellen Fräsergeometrie in der NC bekannt /9,10, 11,12/. Die Lösungen nach /9,10,11/ arbeiten in Verbindung mit einem zugeschnittenen Programmiersystem.

Die erste Lösung /9/ geht davon aus, daß der Steuerung neben den Werkzeugbahnen Flächenbeschreibungen übergeben werden. Die Steuerung berechnet dann in Echtzeit, also während der Bearbeitung, die Bahnstützpunkte in Abhängigkeit von der anzugebenden Vorwärtstoleranz und der Geometrie verschiedener, hier zugelassener Fräsertypen. Wegen der festen Vorgabe der Werkzeugbahnen und der einzuhaltenden Seitwärtstoleranz dürfen die Fräserabmessungen nur innerhalb vorgegebener Grenzwerte verändert werden, jedoch wird damit die primäre Forderung der Anwender erfüllt.

Alle anderen Lösungen nehmen die Fräsbahnbestimmung direkt in der Steuerung und ebenfalls in Echtzeit vor. So erhält die Steuerung bei der Lösung nach /10/ keine Bahnstützpunkte oder Bahnbeschreibungen, sondern nur noch Flächenbeschreibungen nach Coons /29/, und berechnet die Fräsbahnen mit den zugehörigen Bahnstützpunkten unter Berücksichtigung möglicher Kollisionen für die Fräsertypen zylindrischer Gesenkfräser bzw. Kugelkopffräser, die beim dreiachsigen Fräsen überwiegend eingesetzt werden. Die in /12/ beschriebene Steuerung unterscheidet sich von der nach /11/ vor allem dadurch, daß sie Flächenbeschreibungen in Anlehnung an Bézier /30/ benutzt. Die Steuerungslösung nach /12/ bietet für analytisch beschreibbare Flächen und verschiedene Fräsertypen eine Fräsbahnbestimmung, für die die notwendigen Algorithmen in NC-Unterprogrammen abgespeichert sind.

2.5 Festlegen der Aufgaben

Diese Arbeit verfolgt primär das Ziel, Möglichkeiten für eine Fräsergeometriekorrektur in der Steuerung für das fünfachsige Fräsen aufzuzeigen. Unter Berücksichtigung der vorhergehenden Abschnitte sollen diesbezüglich folgende Anforderungen an ein

Modul "NC-Datenverwaltung und -aufbereitung für das fünfachsige Fräsen" gestellt werden:

- Die Fräsergeometrie soll über das Bedienungsfeld der Steuerung in beschränktem Umfang verändert werden können, um einen weitgehend gleichen Fräser wie den vorgesehenen (Schwesterwerkzeug) benutzen oder einen Werkzeugverschleiß bzw. ein Nachschleifen ausgleichen zu können.
- Die Rauhtiefe bzw. Oberflächengenauigkeit soll sich nach Möglichkeit nicht verschlechtern.
- Änderungen der Fräsergeometrie sollen auch während der Abarbeitung eines NC-Programms möglich sein, da die Notwendigkeit und der Zeitpunkt eines Werkzeugwechsels oder einer Änderung der vorgegebenen Fräsergeometrie nicht immer vor Programmstart bekannt sind.
- Aus der Änderbarkeit der Fräsergeometrie während der Ausführung eines NC-Programms folgt die Forderung, daß die notwendigen Berechnungen im Rahmen der erlaubten Satzfolgezeit durchgeführt werden müssen.
- In Verbindung mit der Fräsergeometriekorrektur soll die Möglichkeit geschaffen werden, die tatsächliche Geschwindigkeit im Eingriffspunkt programmieren zu können.

Eine freie Wahl des Werkzeugtyps und der Werkzeuggeometrie wird im Rahmen dieser Arbeit nicht angestrebt, da dies nicht als primäre Forderung der Anwender gilt. Weiterhin bringt eine solche Lösung einschneidende Konsequenzen mit sich. Die freie Wahl von Werkzeugtyp und -geometrie bedingt

- eine neue Schnittaufteilung,
- neue Kollisionsbetrachtungen und
- eventuell Eingriffe durch einen mit der NC-Programmierung vertrauten Bediener.

Für eine entsprechende Problemlösung müssen wesentliche Bestandteile des NC-Processors auf die Steuerung portiert werden. Der Zeitbedarf der Algorithmen und eventuell notwendige, möglicherweise sogar iterative Eingriffe des Bedieners, bei dem zudem Programmierkenntnisse vorausgesetzt werden müssen, führen dazu, daß eine weitgehend freie Änderung von Werkzeugtyp und -geometrie nur vor, aber nicht während der Abarbeitung eines NC-Programms möglich wären. Bisherige Erfahrungen mit einer in die NC integrierbaren grafikunterstützten Simulation, die eine Geometrie- und Kollisionskontrolle ermöglichen soll /31/, zeigen z.B., daß die Funktion Kollisionskontrolle beim fünfachsigen Fräsen gekrümmter Flächen heute nicht in Echtzeit möglich ist.

Die Betrachtung von Möglichkeiten für eine Definition einer zusätzlichen Schruppbearbeitung unter Berücksichtigung eines Offsets über das Bedienungsfeld der NC bildet ein weiteres Thema der Arbeit. Entsprechende Funktionen sollen in die genannte NC-Datenverwaltung und -aufbereitung eingebracht werden.

Das zu realisierende Modul "NC-Datenverwaltung und -aufbereitung für das fünfachsige Fräsen" erfordert die Definition einer geänderten Struktur der Steuerungssoftware und die Festlegung anderer Formen der Programmierung. In diesem Zusammenhang soll auch die Möglichkeit der Einbeziehung einer Geometrieschnittstelle berücksichtigt werden. Eine günstige Satzfolgezeit und ein akzeptabler Umfang der NC-Steuerdaten trotz erhöhter Funktionalität sind als weitere Forderungen zu nennen.

Neben der Erarbeitung und Bewertung von Möglichkeiten für eine beschränkte Fräsergeometriekorrektur für das fünfachsige Fräsen sollen unter dem Aspekt der Vorbearbeitung bzw. Komplettbearbeitung Möglichkeiten der Werkzeugradiuskorrektur für das $2^1/_2$achsige und dreiachsige Fräsen betrachtet werden. Da Lösungen für die Werkzeugradiuskorrektur für das $2^1/_2$achsige Fräsen bereits bekannt sind, soll ein Kapitel im wesentlichen die Problematik und grundsätzliche Lösungen aufzeigen; es wird dem Schwerpunkt der Arbeit vorangestellt. Für das dreiachsige Fräsen sind ebenfalls eigenständige Lösungen bekannt; diesen soll eine Lösung gegenübergestellt werden, die sich aus dem erarbeiteten Ergebnis für das fünfachsige Fräsen ableiten läßt.

Die Realisierung des Moduls "NC-Datenverwaltung und -aufbereitung für das fünfachsige Fräsen" steht in Wechselwirkung mit den Möglichkeiten des benutzten Programmiersystems. Soweit notwendig, müssen Änderungen für die Programmiersystemebene formuliert und gefordert werden.

3 Fräserradiuskorrektur für das $2^1/_2$achsige Fräsen

Der Begriff des $2^1/_2$achsigen Fräsens wird üblicherweise auf das Fräsen mit zwei Achsen und in Verbindung mit einer Zustellachse angewandt, d.h., die Bearbeitung ist auf eine Ebene beschränkt, die zu einer mit G17, G18 oder G19 /7/ ausgewählten Hauptebene parallel liegt, und wird mit dem Frästertyp Schaftfräser vorgenommen. Die Berücksichtigung des aktuellen Fräserradius kann daher als ebenes Problem betrachtet werden. Die dazu heute in verschiedenen Versionen zur Verfügung stehende NC-Funktion Fräserradiuskorrektur bietet sich für zwei Anwendungen an. Üblicherweise berechnet sie zu einer vorgegebenen Werkstückkontur, die aus einer beliebigen Folge von Strecken und Kreisbögen besteht, eine äquidistante Bahn, die die Fräsermittelpunktsbahn darstellt und deren Abstand zu der programmierten Kontur mit dem Fräserradius identisch ist; in dieser Anwendung ist eine werkzeugunabhängige Programmierung möglich. Alternativ kann die Fräserradiuskorrektur auch für die Korrektur einer für einen bestimmten Fräser vorgegebenen Fräsermittelpunktsbahn eingesetzt werden, falls ein anderer als der vorgesehene Fräser zum Einsatz kommt.

Die hier dargestellte Problematik ist in gleicher Weise z.B. auch beim Drehen zu finden; dort spricht man von einer Schneidenradiuskorrektur. Allgemein kann, wie es im folgenden der Fall ist, von einer Werkzeugradiuskorrektur gesprochen werden.

3.1 Übergang zwischen zwei NC-Sätzen

3.1.1 Arten von Übergängen

Die Lösungen für eine Werkzeugradiuskorrektur unterscheiden sich für den Anwender hauptsächlich in der Art des Übergangs zwischen zwei korrigierten NC-Sätzen. Im Rahmen der grundsätzlichen Lösungen hängt der NC-Satz-Übergang im einzelnen wiederum von mehreren Faktoren ab. Einen ersten Faktor bildet die Art der NC-Satz-Folge, z.B. Linearsatz - Zirkularsatz, einen zweiten der Winkel zwischen zwei aufeinanderfolgenden NC-Sätzen, der im Raum außerhalb des Werkstücks, also im Luftraum, gemessen und im folgenden als Übergangswinkel μ bezeichnet wird. Als dritter Faktor ist die Orientierung der Werkzeugradiuskorrektur zu nennen, die über speichernd wirksame G-Funktionen angegeben wird /7/:

- G40: keine oder Abwahl einer angewählten Werkzeugradiuskorrektur,
- G41: Werkzeugradiuskorrektur links von den programmierten NC-Sätzen (in Bewegungsrichtung) und
- G42: Werkzeugradiuskorrektur rechts von den programmierten NC-Sätzen (in Bewegungsrichtung).

Übergang	Unterer Bereich des Winkels μ:	Alternativen für den oberen Bereich des Winkels μ:		
	Schnittpunktbildung der Äquidistanten	Einfügen eines Zirkularsatzes	Schnittpunktbildung der äquidistanten Tangenten	Lösung mit Abheben des Werkzeugs vom Werkstück
Linearsatz - Linearsatz	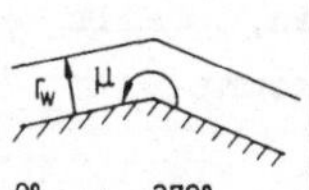 $0° < \mu \leq 270°$ $(0° < \mu \leq 180°)$	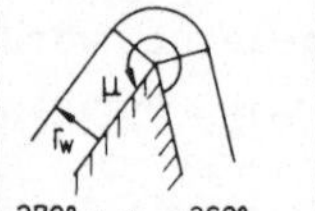 $270° < \mu \leq 360°$ $(180° < \mu \leq 360°)$		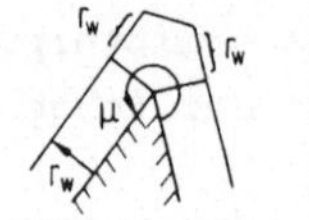 $270° < \mu \leq 360°$
Linearsatz - Zirkularsatz oder Zirkularsatz - Linearsatz	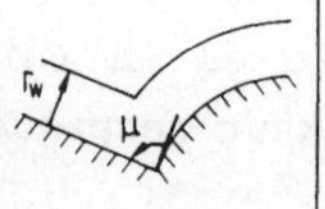 $0° \leq \mu \leq 180°$	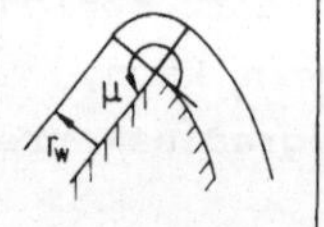 $180° < \mu \leq 360°$	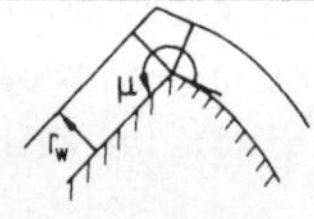 $180° < \mu \leq 270°$	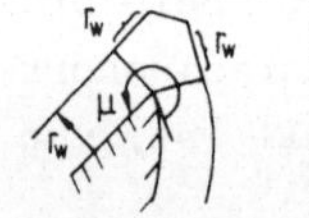 $270° < \mu \leq 360°$
Zirkularsatz - Zirkularsatz	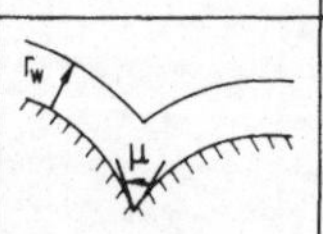 $0° \leq \mu \leq 180°$	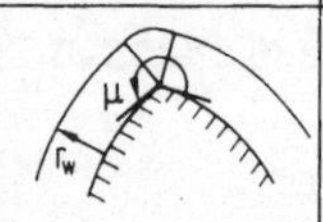 $180° < \mu \leq 360°$	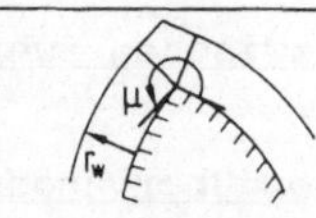 $180° < \mu \leq 270°$	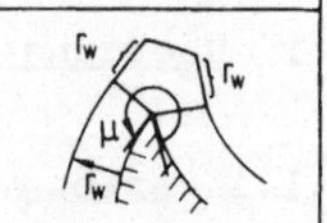 $270° < \mu \leq 360°$

Bild 3.1: Übergänge zwischen korrigierten NC-Sätzen bei angewählter Werkzeugradiuskorrektur

Bild 3.1 gibt einen Überblick über die heute gebräuchlichen Lösungen. Eine grobe Unterteilung existiert zwischen Lösungen für einen unteren Bereich des Übergangswinkels μ und solchen für einen oberen Bereich. Die Lösungen für den unteren Winkelbereich beruhen alle auf der Schnittpunktbildung der Äquidistanten der programmierten NC-Sätze. Für den oberen Winkelbereich stehen zwei Alternativen zur Verfügung. Bei der ersten wird das Werkzeug über einen zusätzlich eingefügten Zirkularsatz wegoptimal, aber mit der Gefahr des Freischneidens insbesondere bei sehr großen Winkeln μ, von einem korrigierten NC-Satz zum nächsten geführt. Die alternative Lösung nimmt eine weitere Bereichseinteilung für den Winkel μ vor; sie arbeitet nicht wegoptimal, da sie grundsätzlich zu einem Abheben des Werkzeugs vom Werkstück führt, vermeidet aber die Gefahr des Freischneidens und wird daher im allgemeinen vorgezogen.

Für korrigierte Zirkularsätze muß ausgehend von der programmierten Bahngeschwindigkeit im Eingriffspunkt die vom Werkzeugradius abhängige Geschwindigkeit für die Werkzeugspitze berechnet werden; bei Linearsätzen sind diese Werte identisch.

In zahlreichen Fällen werden ein oder mehrere NC-Sätze zusätzlich eingefügt (Bild 3.1). Einerseits ergeben sich dadurch Auswirkungen in der Behandlung der Ein- und Ausgabedaten der Werkzeugradiuskorrektur, andererseits ergibt sich die Aufgabe, die neu entstandenen NC-Sätze hinsichtlich der Hilfsfunktionen (M-Funktionen) logisch dem ersten oder dem zweiten der jeweils betrachteten NC-Sätze zuzuordnen. Sieht man die eingefügten NC-Sätze als Fortsetzung des ersten NC-Satzes, erfolgt eine Behandlung der Hilfsfunktionen nach Bild 3.2.

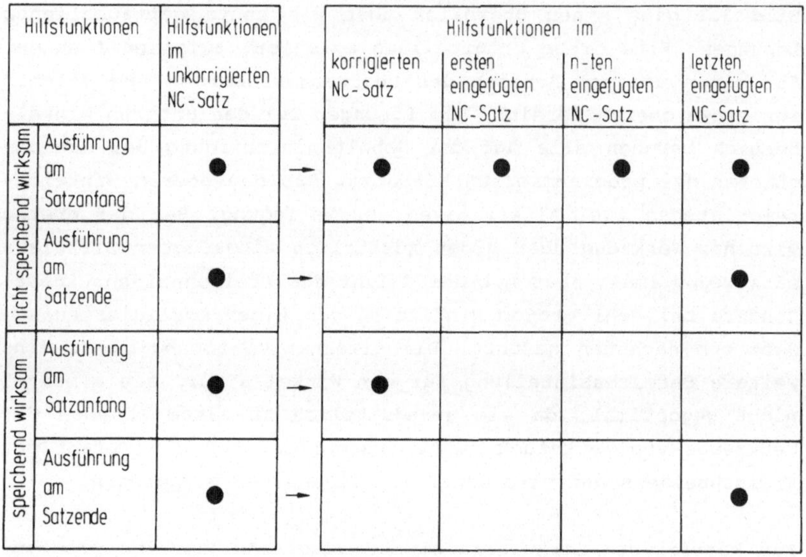

	Hilfsfunktionen	Hilfsfunktionen im unkorrigierten NC-Satz		Hilfsfunktionen im korrigierten NC-Satz	Hilfsfunktionen im ersten eingefügten NC-Satz	Hilfsfunktionen im n-ten eingefügten NC-Satz	Hilfsfunktionen im letzten eingefügten NC-Satz
nicht speichernd wirksam	Ausführung am Satzanfang	●	→	●	●	●	●
nicht speichernd wirksam	Ausführung am Satzende	●	→				●
speichernd wirksam	Ausführung am Satzanfang	●	→	●			
speichernd wirksam	Ausführung am Satzende	●	→				●

Bild 3.2: Berücksichtigung von Hilfsfunktionen beim Einfügen von NC-Sätzen durch die Werkzeugradiuskorrektur

3.1.2 Mathematische, programmtechnische und funktionale Aspekte bei Schnittpunktberechnungen

3.1.2.1 Mathematische und programmtechnische Aspekte

Sehr oft ist für die oben beschriebenen Lösungen die Kenntnis des Schnittpunktes der Äquidistanten zweier NC-Sätze notwendig. Da die Werkzeugradiuskorrektur in Echtzeit arbeiten soll, muß bei der Auswahl der Schnittpunktalgorithmen auf eine möglichst kurze Programmlaufzeit geachtet werden.

Die naheliegendsten Lösungen gehen von der mathematischen, impliziten Beschreibung der NC-Sätze aus, z.B. $f(x,y) = 0$ für die x-y-Ebene. Die daraus resultierenden Schnittpunktberechnungen kommen zwar ohne rechenzeitintensive trigonometrische

Funktionen aus, fallen aber für alle NC-Satz-Übergänge außer dem Übergang Linearsatz - Linearsatz sehr aufwendig aus.

Alternative Lösungen leiten die Schnittpunktberechnungen aus geometrischen Betrachtungen ab. Es gibt Lösungen ohne und mit trigonometrischen Funktionen. Eine Sonderrolle spielt ein Lösungsverfahren, das hier als Ortskurvenverfahren bezeichnet werden soll. Es geht von der Erkenntnis aus, daß bei der Satzfolge Linearsatz - Zirkularsatz die Schnittpunkte aller Äquidistanten auf einer Parabel liegen und bei der Satzfolge Zirkularsatz - Zirkularsatz auf einer Hyperbel (gleicher Drehsinn der Sätze) bzw. auf einer Ellipse (ungleicher Drehsinn der Sätze) /8/.

Die in Verbindung mit einer Realisierung vorgenommenen Untersuchungen zeigten, daß für die Satzfolge Linearsatz - Linearsatz eine Schnittpunktberechnung, die von der impliziten Darstellung der Äquidistanten ausgeht, die einfachste und schnellste Lösung bildet. Für die übrigen NC-Satz-Folgen eignen sich am besten Schnittpunktberechnungen, die von geometrischen Betrachtungen ausgehen und ohne trigonometrische Funktionen auskommen.

3.1.2.2 Vermeidung von Kollisionen

Die Wahl eines zu großen Werkzeugs kann bei korrigierten Linear- und Zirkularsätzen zu einer Richtungsumkehr und damit zu einer Verletzung der Sollkontur führen (Bild 3.3). Die NC kann das Erkennen der Richtungsumkehr zu einer Fehlermeldung und einem automatischen Abbruch des Automatikkreislaufs benutzen /8/. Eine weitergehende Möglichkeit, deren Sinn fallweise beurteilt werden muß, besteht darin, einen oder mehrere NC-Sätze auszublenden, soweit sie zu einer Richtungsumkehr führen /32/; in Bild 3.3 muß z.B. der NC-Satz N20 unterdrückt werden. Für diese weitergehende Lösung sind Schnittpunktprogramme zu wählen, bei denen die unkorrigierten NC-Sätze keinen gemeinsamen Punkt besitzen müssen, da nach der Ausblendung eines oder mehrerer NC-Sätze kein gemeinsamer Punkt zwischen den zwei NC-Sätzen, für die aktuell ein Satzübergang gebildet wird, bekannt ist.

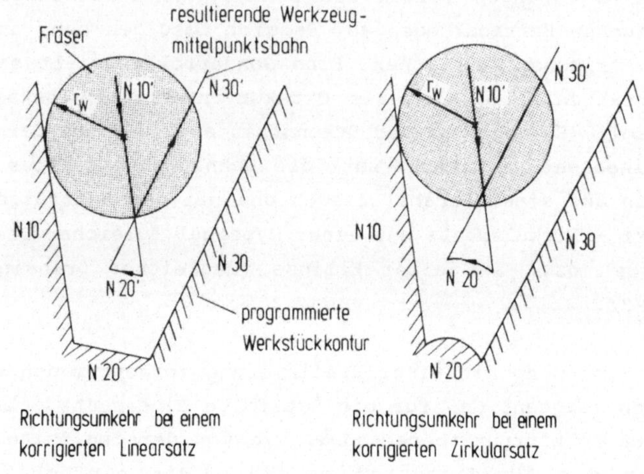

<u>Bild 3.3:</u> Verletzung der Sollkontur durch Richtungsumkehr bei einem korrigierten NC-Satz

3.1.2.3 <u>Einfügen von Radien</u>

Die für die Werkzeugradiuskorrektur eingesetzten Schnittpunktprogramme lassen sich noch für eine anders geartete Aufgabe einsetzen. Neben dem Einfügen von Fasen stellt das Einfügen von Radien eine häufig benutzte Programmierhilfe dar. Nach Vorgabe eines Radius r wird dabei zwischen zwei programmierten NC-Sätzen von der NC automatisch ein zusätzlicher Zirkularsatz mit tangentialen Übergängen zu den vorhandenen NC-Sätzen eingefügt (Bild 3.4) /33/. Der Mittelpunkt des neuen Zirkularsatzes kann als Schnittpunkt der Äquidistanten der vorgegebenen NC-Sätze mit dem Abstand r über die Schnittpunktprogramme der Werkzeugradiuskorrektur ermittelt werden.

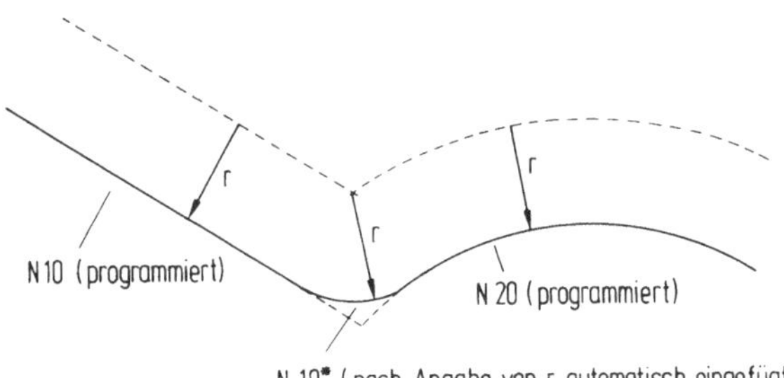

Bild 3.4: Einfügen eines Radius zwischen zwei vorgegebenen NC-Sätzen

3.2 Anwahl und Abwahl der Werkzeugradiuskorrektur

Die Anwahl der Werkzeugradiuskorrektur mit G41 oder G42 sowie die Abwahl mit G40 sind nach /7/ nur innerhalb eines Linearsatzes zugelassen. Analog den Lösungen bei angewählter Korrektur (Bild 3.1) bieten sich die Lösungsvarianten nach Bild 3.5 an.

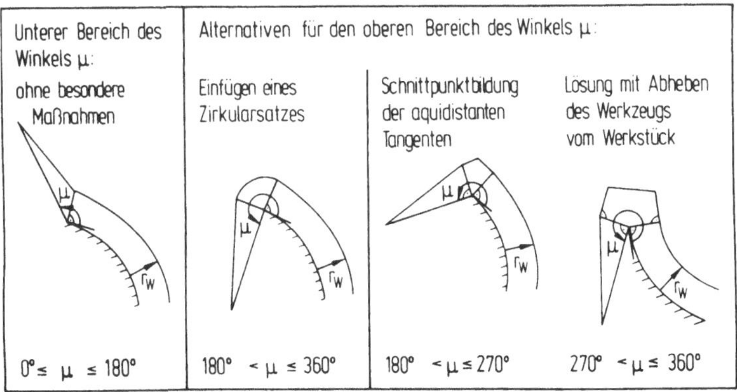

Bild 3.5: An- und Abwahl der Werkzeugradiuskorrektur in einem Linearsatz

Für einige Bearbeitungsprobleme, z.B. das Fräsen von Taschen, will man mit einem Zirkularsatz und einem tangentialen Übergang "sanft" an die Werkstückkontur heranfahren oder sich von ihr lösen. Steht lediglich die konventionelle Programmiermöglichkeit mit der Anwahl und Abwahl in einem Linearsatz zur Verfügung, muß außer einem linearen Anwahl- oder Abwahlsatz ein geeigneter Zirkularsatz programmiert werden, bei dem der Mittelpunkt M auf der Senkrechten im Anfahrpunkt der Werkstückkontur liegt (Bild 3.6). Einige Steuerungen wie z.B. /34/ bieten mittlerweile aber auch eine von der NC unterstützte, tangentiale Anwahl und Abwahl an, wie sie Bild 3.6 in einer Ausführung darstellt.

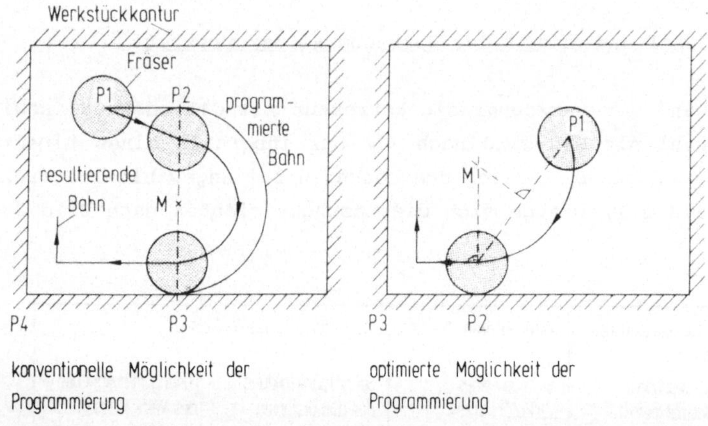

Bild 3.6: Beispiele für das tangentiale Heranfahren an eine Kontur mit konventioneller und optimierter Programmierung

4 Fräsergeometriekorrektur für das fünfachsige Fräsen beliebig gekrümmter Flächen

In Abschnitt 2.5 wurden die Anforderungen an ein Modul "NC-Datenverwaltung und -aufbereitung für das fünfachsige Fräsen" mit dem Schwerpunkt einer On-line-Fräsergeometriekorrektur formuliert. Eine einheitliche Lösung für eine Fräsergeometriekorrektur für das fünfachsige Fräsen ist nicht möglich. Die verschiedenen Bearbeitungsfälle einerseits und die verschiedenen Frästertypen andererseits (Bilder 4.1 und 4.2) zwingen zu einer differenzierten Betrachtung der sich daraus ergebenden Fallunterscheidungen.

Bearbeitungsfall \ Fräsertyp	Schaftfräser ohne Eckenverrundung	Schaftfräser mit Eckenverrundung	zylindrischer Gesenkfräser	Kugelkopffräser	Faßfräser	Kegelfräser	kegeliger Gesenkfräser
dreiachsiges Fräsen einer beliebig gekrümmten Fläche	●	●	●	●			
fünfachsiges Fräsen einer beliebig gekrümmten Fläche	●	●	●	●			
fünfachsiges Fräsen einer beliebig gekrümmten Fläche unter Berücksichtigung einer Grenzfläche	●	●	●	●	●		
fünfachsiges Fräsen entlang einer Schnittlinie Bearbeitungsfläche - Grenzfläche			●	●			
fünfachsiges Fräsen einer abwickelbaren Regelfläche	●					●	
fünfachsiges Fräsen einer abwickelbaren Regelfläche unter Berücksichtigung einer Grenzfläche			●				●
fünfachsiges Fräsen einer verwundenen Regelfläche	●					●	
fünfachsiges Fräsen einer verwundenen Regelfläche unter Berücksichtigung einer Grenzfläche			●				●

Bild 4.1: Übersicht über die Bearbeitungsfälle und die jeweils verwendeten Fräsertypen

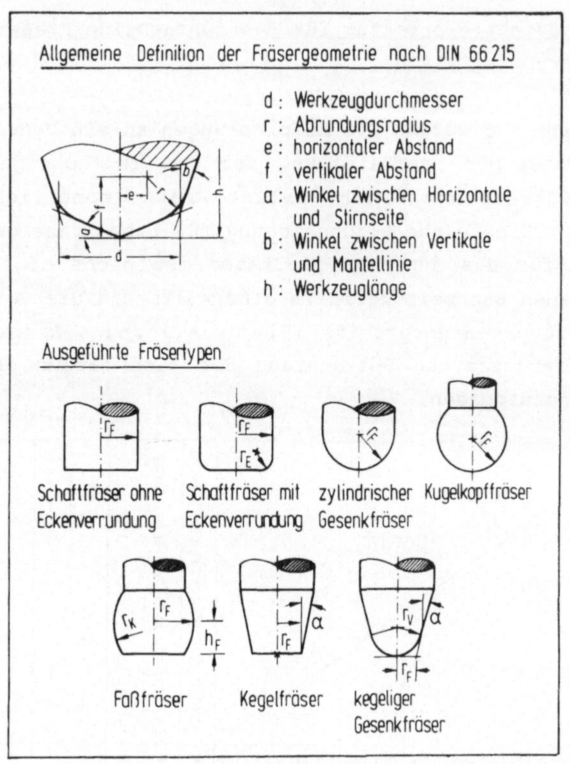

Bild 4.2: Verwendete Fräsertypen für das fünfachsige Fräsen

Das Kapitel 4 wird dem fünfachsigen Fräsen beliebig gekrümmter Oberflächen ohne die Berücksichtigung von Grenzflächen gewidmet. Als Grenzflächen werden weitere Bearbeitungsflächen und zum Zwecke des Kollisionsschutzes definierte Flächen bezeichnet, die bei der Bestimmung der Fräsbahnen und der Fräseranstellung bei der NC-Programmerstellung mit dem NC-Programmiersystem zwingend beachtet werden müssen und daher in einer aufwendigeren Fräserführung resultieren, als es hier notwendig ist.

Die Kenntnis der Begriffsdefinitionen zur Fräserführung bildet - auch für die in den nachfolgenden Kapiteln behandelten Bearbeitungsfälle - eine allgemeine Voraussetzung für die notwendigen Betrachtungen.

4.1 Begriffsdefinitionen zur Fräserführung beim fünfachsigen Fräsen

Die Begriffsdefinitionen zur Fräserführung gehen davon aus, daß die ideale Bahn des Fräsers durch Linearsätze approximiert wird. Die wesentlichen Begriffe sollen mit Hilfe von Bild 4.3 erläutert werden.

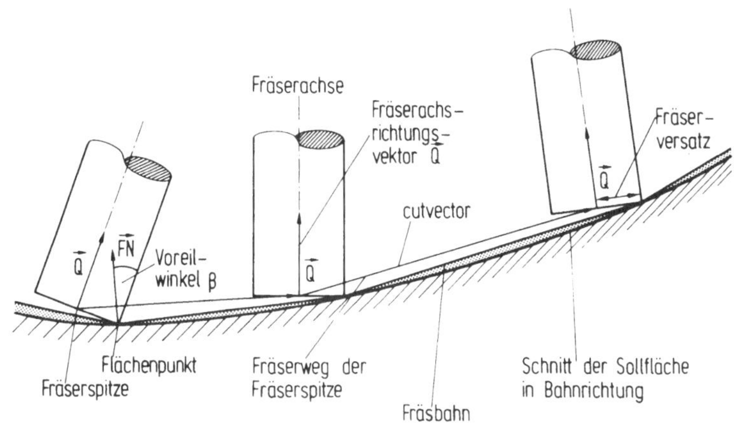

Bild 4.3: Begriffsdefinitionen zur Fräserführung

Als **Fräserspitze** wird der Durchstoßpunkt der Rotationsachse des Fräsers durch seine Außenform betrachtet. Diese Definition trägt der Verschiedenheit der Fräsertypen (Bild 4.2) Rechnung. Der Vektor in der Rotationsachse des Fräsers, der von der Fräserspitze zur Spindel hin gerichtet ist, bestimmt als **Fräserachsrichtungsvektor** $\vec{Q}$ die **Fräserachsrichtung**. Der Winkel zwischen dem Fräserachsrichtungsvektor und der Flächennormalen $\vec{FN}$ im Eingriffspunkt wird als **Voreilwinkel β** bezeichnet. Betrachtet man den durch Linearsätze approximierten Weg des Fräsers auf einer Fläche, bezogen auf den Eingriffspunkt des Fräsers, so erhält man die **Fräsbahn**, wobei die durch die Linearsätze verbundenen Flächenpunkte exakt berührt werden, also definierte Berührungspunkte darstellen. Der **Fräserweg** resultiert im Unterschied zur Fräsbahn aus den Positionen der Fräserspitze, die zusammen mit dem jeweiligen Fräserachsrichtungsvektor zu den einzelnen Flächenpunkten berechnet werden. Der Fräserweg bildet einen Polygonzug, dessen Eckpunkte jeweils durch einen sogenannten **"cutvector"** /13/ verbunden sind. Der räumliche Abstand zwischen den Flächenpunkten der Fräsbahn und den zugehörigen Positionen der Fräserspitze wird durch den **Fräserversatz** gekennzeichnet.

4.2 Allgemeine Vorgehensweise bei der Bearbeitung beliebig gekrümmter Flächen

Einige allgemeine Aspekte der Bearbeitung beliebig gekrümmter Flächen werden, soweit es für das Verständnis der Problematik sinnvoll und für die Frässergeometriekorrektur wichtig ist, den speziellen Abschnitten über die Frässergeometriekorrektur vorangestellt.

Jede beliebig gekrümmte Fläche kann in der vektoriellen Parameterform $\vec{R} = f(u,v)$ dargestellt werden. Grundsätzliches Ziel einer Fräsbahndefinition ist es, die Fläche wirtschaftlich mit möglichst wenig Fräsbahnen bei gleichzeitigem Einhalten der maximal zugelassenen Rauhtiefe $R_{t,max}$ zu fertigen. Zur Anwendung kommt das Stirnfräsen; eingesetzt werden in der Regel die Frässertypen Schaftfräser ohne und mit Eckenradius, bedingt auch der zylindrische Gesenkfräser (zylindrischer Fräser mit runder Stirn) und der Kugelkopffräser (Bild 4.2), sodaß die Frässergeometriekorrektur auf diese Frässertypen beschränkt werden kann. Die Auswahl von Frässertyp, Fräsbahnart und Fräsbahnlage bestimmt in Verbindung mit dem Voreilwinkel β des Fräsers wesentlich die Geometrie der Fräsrille, d.h. ihre Breite und Tiefe. Die Beschreibung der Fräsrillengeometrie bietet die

Grundlage für die Fräsbahnabstandsberechnung und damit für die Festlegung der Fräsbahnanzahl.

4.2.1 Fräsbahnarten

Als Kurven auf der Bearbeitungsfläche, die zur Fräsbahndefinition herangezogen werden, können hauptsächlich genannt werden (Bild 4.4):

- Parameterkurven,
- Schnittkurven zwischen Bearbeitungsfläche und Leitebenen, die speziell für die Fräsbahndefinition vom Programmierer vorgegeben werden, sowie
- frei definierte Kurven.

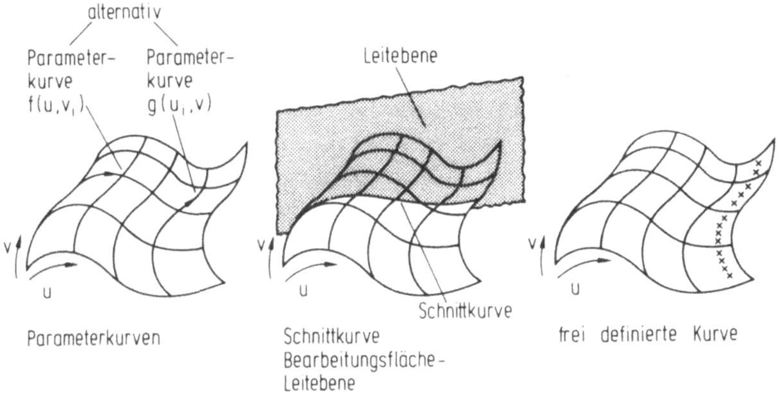

Bild 4.4: Flächenkurven auf beliebig gekrümmten Flächen

Parameterkurven erhält man, wenn eine vektorielle, explizite Flächenbeschreibung $\vec{R} = f(u,v)$ vorliegt und ein Parameter verändert wird, während der andere unverändert bleibt. Parameterkurven ermöglichen eine einfache Berechnung der im weiteren benötigten Flächentangenten und Flächenkrümmungsradien, bieten aber, z.B. bei Dreiecksflächen, nicht immer die beste Bearbeitungsform /15/. Alternativ kann daher die Berechnung von Schnittkurven der Bearbeitungsfläche mit Leitebenen oder die freie Definition von Flächenkurven sinnvoll sein. Die letztgenannten zwei Kurvenarten sind nicht geschlossen darstellbar, sondern werden durch eine Punktfolge angenähert.

Die ermittelten Flächenkurven werden bei der heute üblichen Vorgehensweise zur Gewinnung der Stützpunktfolge für die Fräsbahn unter Einhaltung einer zugelassenen Toleranz linearisiert. Hierzu sind verschiedene Verfahren wie z.B. /35,36,15/ bekannt. Die Fräsbahnpunkte werden der Steuerung übergeben. Alternativ ist auch, wie später gezeigt wird, unter bestimmten Umständen die Übergabe der Fräsbahn in Form einer Polynomgleichung möglich. In beiden Fällen besitzt und benötigt die Steuerung keine Kenntnis über die Fräsbahnart.

Unabhängig von der Fräsbahnart bietet die vektorielle Flächenbeschreibung $\vec{R} = f(u,v)$ mit Hilfe differentialgeometrischer Grundlagen /37,38,39/ die Möglichkeit, die Flächenpunkte der Fräsbahnen und ihre Flächennormalen sowie für jeden Flächenpunkt die Angaben zu erhalten, die für die Berechnung des Fräsrillenprofils und des Fräsbahnabstands notwendig sind:

- Flächentangente $\vec{TB}$ in Bahnrichtung,
- Flächentangente $\vec{TN}$ normal zur Bahnrichtung im Normalprofilschnitt,
- Flächenkrümmungsradius r_B in Bahnrichtung und
- Flächenkrümmungsradius r_N normal zur Bahnrichtung im Normalprofilschnitt.

4.2.2 Beschreibung des Fräsrillenprofils

Eine Fräsrille kann als räumliches Gebilde nicht analytisch erfaßt werden. Eine ausreichende Kenntnis der Fräsrille wird jedoch durch die analytische Beschreibung des Fräsrillenprofils im Normalprofilschnitt erzielt. Hierzu sind verschiedene Lösungen erarbeitet worden /1,15/. Die in /15/ beschriebenen

Gleichungen für eine allgemeine Vektordarstellung des Fräsrillenprofils (Bild 4.5) berücksichtigen im Gegensatz zu /1/ die räumliche Lage des Profils und bieten eine Beschreibung in Parameterform.

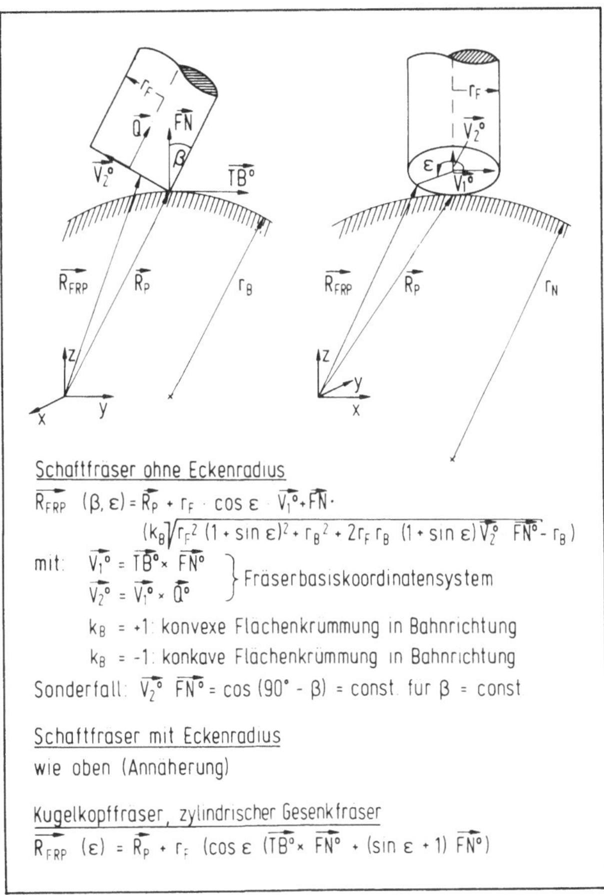

<u>Bild 4.5:</u> Erzeugender Vektor $\vec{R_{FRP}}$ des Fräsrillenprofils für verschiedene Frästypen (nach /15/)

Für die Berechnung des Fräsrillenprofils werden mehrere Annahmen getroffen, von denen auch bei den Lösungen für eine Fräsergeometriekorrektur ausgegangen wird:

- Im Falle eines zylindrischen Schaftfräsers ohne Eckenradius zerspant dieser mit dem Umfang der Fräserstirn, d.h., der Fräserversatz ist gleich dem Fräserradius r_F; entsprechende Untersuchungen /1,2,15/ zeigen diese Festlegung als guten Kompromiß zwischen optimalen Zerspanungsbedingungen und optimalem Fräsrillenprofil auf.
- Als Leitebene für die Fräserführung wird eine Ebene benutzt, die im gegebenen Flächenpunkt durch die Flächennormale und die Tangente in Fräsbahnrichtung aufgespannt wird.
- Als Leitkurve wird näherungsweise ein Kreisbogen in der Leitebene mit dem Flächenkrümmungsradius r_B der Bearbeitungsfläche in Fräsbahnrichtung angenommen.
- Die Krümmung der Bearbeitungsoberfläche im Normalprofilschnitt wird durch den Radius r_N beschrieben.

4.2.3 Bestimmung des Voreilwinkels β

Der Voreilwinkel β besitzt wesentlichen Einfluß auf das Fräsrillenprofil und damit auf den Abstand und die Anzahl der Fräsbahnen. Eine möglichst geringe Anzahl von Fräsrillen mit möglichst breiten Fräsrillen kann über einen minimalen Voreilwinkel erreicht werden. Bei der Bestimmung des Voreilwinkels wirken sich mehrere Kriterien aus, denen nachfolgend jeweils ein eigenes β_i zugeordnet werden soll.

Aus den lokalen Krümmungsverhältnissen im betrachteten Flächenpunkt kann mit dem Winkel β_1 ein erstes Kriterium für die Berechnung des minimalen Voreilwinkels abgeleitet werden /1,15/ (Bild 4.6).

Weiterhin ist es sinnvoll, zusätzlich die Kollisionsgefahr durch Nachschneiden zu berücksichtigen und hierzu die schon zurückgelegte Bahn des Fräsers zu betrachten, um so einen minimalen Voreilwinkel β_2 zu berechnen /1,15/. Gilt im einfachen Fall bei rein konvexen Kurvenverläufen $\beta_2 = 0^o$, ergeben sich für andere Fälle die in Bild 4.7 aufgezeigten Lösungen.

Fallunterscheidung	Flächenform	Krümmungsverhalten der Fläche in Bahnrichtung	im Normalenschnitt	minimaler Voreilwinkel β_1
Fall 1	$\vec{TB}$	konvex $r_B > 0$ $k_B = +1$	konvex $r_N > 0$ $k_N = +1$	$\beta_1 = 0$
Fall 2	$\vec{TB}$	konvex $r_B > 0$ $k_B = +1$	konkav $r_N < 0$ $k_N = -1$	$\beta_1 = \arcsin \frac{r_F}{\lvert r_N \rvert}$
Fall 3	$\vec{TB}$	konkav $r_B < 0$ $k_B = -1$	konvex $r_N > 0$ $k_N = +1$	$\beta_1 = \arcsin \frac{r_F}{\lvert r_B \rvert}$
Fall 4	$\vec{TB}$	konkav $r_B < 0$ $k_B = -1$	konkav $r_N < 0$ $k_N = -1$	$\beta_1 = \arcsin \frac{r_F}{\min(\lvert r_N \rvert, \lvert r_B \rvert)}$

<u>Bild 4.6:</u> Einfluß lokaler Flächenkrümmungsverhältnisse auf einen minimalen Voreilwinkel β_1 (nach /15/)

Durch den minimalen Voreilwinkel β_2 wird bereits in eingeschränktem Umfang eine Kollisionsgefahr zwischen Fräser und Oberfläche des Werkstücks berücksichtigt. Abhängig von den Fähigkeiten des Programmiersystems können umfassendere Kollisionsbetrachtungen vorgenommen werden, wie sie in Abschnitt 2.3 aufgeführt wurden. Eine vollständige Kollisionsbetrachtung ist nur schwer durchführbar, sodaß Vereinfachungen üblich sind. Eine sehr wichtige Kollisionspaarung stellen die Fräserstirn und die Bearbeitungsfläche dar. Eine weitere, übliche Kollisionsbetrachtung gilt der Kollisionspaarung Mantelfläche des Fräsers sowie Werkstück- und Grenzflächen andererseits. Die Kollisionsbetrachtungen werden bei einigen Programmiersystemen nur für die Fräserpositionen in den Stützpunkten vorgenommen,

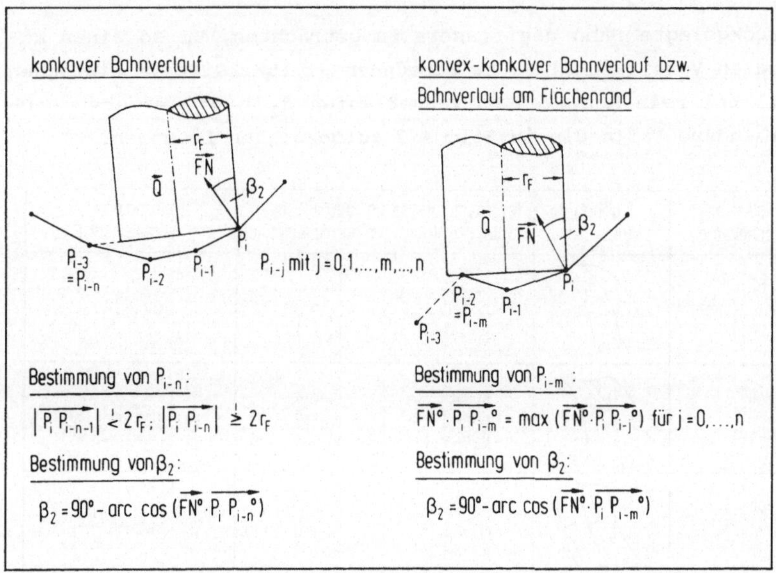

Bild 4.7: Einfluß des Fräsbahnverlaufs auf einen minimalen Voreilwinkel β_2 (nach /1/)

sodaß die Bereiche zwischen den Stützpunkten nicht überprüft sind, sondern als kollisionsfrei angenommem werden. Unter Berücksichtigung dieser - oft eingeschränkten - Kollisionsbetrachtungen soll hier ein kollisionsfreier Bereich für die Fräseranstellung definiert werden, der vom Programmiersystem zu ermitteln ist und im folgenden mit den Grenzwerten $\beta_{3,min}$ und $\beta_{3,max}$ gekennzeichnet wird. Der resultierende, minimale Voreilwinkel β ergibt sich dann zu:

$$\beta = \max \epsilon\, (\beta_1, \beta_2, \beta_{3,min})$$

mit den Bedingungen:

$$\beta_1 \leq \beta_{3,max} \quad \text{und} \quad \beta_2 \leq \beta_{3,max}$$

Im Normalfall gilt, daß $\beta_{3,min}$ größer als β_1 und β_2 ist, und daher die Berechnung von $\beta_{3,min}$ genügen würde. In besonderen Fällen ist jedoch die Bestimmung von $\beta_{3,min}$ alleine nicht ausreichend.

Da β_1 und β_2 u.a. auch von der Fräsergeometrie abhängen, bietet sich eine erneute Optimierung des resultierenden, minimalen Voreilwinkels β in der NC an.

Alternativ zu einem durch das Programmiersystem optimierten minimalen Voreilwinkel ist die Vorgabe eines Voreilwinkels durch den Programmierer möglich. Der vorgegebene Voreilwinkel wird mit β_4 bezeichnet, und es gilt:

$$\beta = \beta_4$$

mit der Bedingung:

$$\beta_1,\ \beta_2,\ \beta_{3,min} \leq \beta_4 \leq \beta_{3,max}$$

4.3 Lösungen für eine Fräsergeometriekorrektur

Bei dem in diesem Kapitel behandelten Bearbeitungsfall - fünfachsiges Fräsen beliebig gekrümmter Flächen - soll in der numerischen Steuerung bei einer Veränderung der Fräsergeometrie keine neue Schnittaufteilung vorgenommen werden, d.h., daß die zeitaufwendige Schnittaufteilung mit den zugehörigen Kollisionsbetrachtungen dem Programmiersystem vorbehalten bleibt und der Fräser von der Steuerung prinzipiell auf den vom Programmiersystem vorgegebenen Fräsbahnen geführt wird. Abhängig von den Fähigkeiten des Programmiersystems lassen sich zwei grundsätzliche Lösungsvarianten ableiten.

Die erste, einfachere Lösungsvariante geht von einem Programmiersystem aus, das die Schnittaufteilung und die Kollisionsbetrachtungen in konventioneller Weise für einen Fräser mit Nenngeometrie durchführt. In diesem Fall soll es möglich sein, daß der NC ein kleinerer Fräserradius $r_{F,akt}$ vorgegeben wird und die NC den Fräser trotz des verringerten Radius auf der vorgesehenen Fräsbahn führt. Die Vergrößerung des vorgegebenen Fräserradius an der Steuerung ist nicht sinnvoll, da damit zusätzliche Kollisionsgefahren verbunden sind. Wie später ausgeführt wird, muß ein im weiteren als konventionell bezeichnetes

Programmiersystem im übrigen trotzdem über eine erweiterte und modifizierte Schnittstelle zur NC verfügen.

Bei der zweiten Lösungsvariante berechnet ein modifiziertes Programmiersystem die Fräsbahnen und den Abstand der Fräsbahnen für einen minimal zugelassenen Fräserradius $r_{F,min}$, um auch für einen solchen Fräser die erlaubte, maximale Rauhtiefe $R_{t,max}$ nicht zu überschreiten, berücksichtigt jedoch bei der Kollisionsbetrachtung einen Fräser mit dem maximal zugelassenen Fräserradius $r_{F,max}$, der in der Regel mit dem Nennradius identisch ist. Die Radien $r_{F,min}$ und $r_{F,max}$ werden vom Programmierer gewählt und der Steuerung als Grenzwerte übergeben. Die beim konventionellen Programmiersystem genannte erweiterte und modifizierte Schnittstelle zur NC ist auch hier in gleicher Weise notwendig.

Bei der ersten Variante wird die ursprünglich vorgegebene, maximale Rauhtiefe nicht mehr eingehalten, sodaß sich die Oberflächengüte verschlechtert. Bei der zweiten Lösung liegen die Fräsbahnen dichter als für den maximalen Fräserradius notwendig; damit kann sich hier eine Verlängerung der Bearbeitungszeit ergeben. Der zweiten Lösung wird wegen der Einhaltung der gewünschten maximalen Rauhtiefe grundsätzlich der Vorzug gegeben, es sollen aber die Auswirkungen und die Anwendbarkeit beider Lösungen diskutiert werden. Hierzu werden zunächst die Anforderungen an ein modifiziertes Programmiersystem und die von den Varianten des Programmiersystems unabhängige Lösung einer Fräsergeometriekorrektur in der Steuerung beschrieben.

4.3.1 Anforderungen an ein modifiziertes Programmiersystem

Die Anwendung der zweiten, bevorzugten Lösungsvariante mit einem modifizierten Programmiersystem führt bei beliebig gekrümmten Flächen und der Verwendung eines Schaftfräsers ohne Eckenradius, eines zylindrischen Gesenkfräsers oder eines Kugelkopffräsers zu verhältnismäßig einfachen Anforderungen an das Programmiersystem. Das Programmiersystem berechnet das

Fräsrillenprofil im Normalprofilschnitt und in der Folge den Abstand der Fräsbahnen für den minimalen Fräserradius $r_{F,min}$ und nimmt die Kollisionsbetrachtung grundsätzlich nur für einen Fräser mit dem maximalen Radius $r_{F,max}$ vor (Bild 4.8). Diese Kollisionsbetrachtung ist vollkommen ausreichend, da für jeden Fräser mit $r_{F,min} \leq r_{F,akt} \leq r_{F,max}$ gilt, daß

- der Eingriffspunkt sich nicht verschiebt,
- der Fräserachsrichtungsvektor $\vec{Q}$ sich abhängig von $r_{F,akt}$ parallel verschiebt, aber seine Orientierung behält, und
- auf Grund des kleineren Durchmessers folglich die Werkzeugvolumenspur des Fräsers mit $r_{F,akt}$ grundsätzlich eine Teilmenge der Werkzeugvolumenspur des Fräsers mit dem Radius $r_{F,max}$ darstellt.

Als Werkzeugvolumenspur wird das Gesamtvolumen bezeichnet, das ein Werkzeug bei der Ausführung einer Bewegungsanweisung durchläuft /31/.

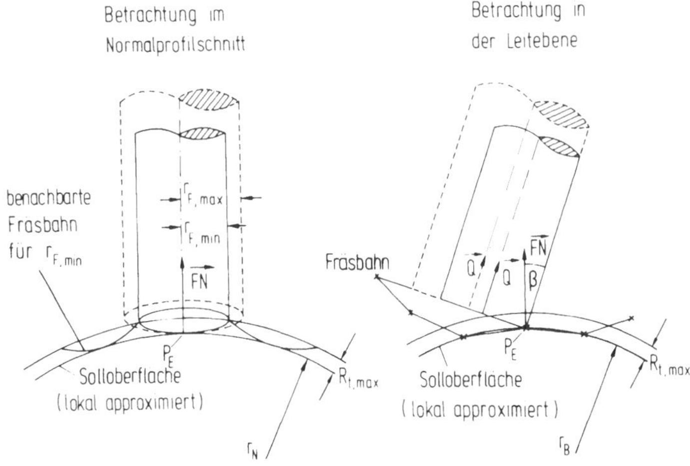

Bild 4.8: Fräsbahnabstände und Kollisionsproblematik bei einem Schaftfräser mit veränderlichem Radius

Die obigen Überlegungen können für einen Schaftfräser mit Ekkenradius nicht ohne weiteres übernommen werden. Zwar ist auch hier eine Veränderung des Fräserradius r_F unproblematisch, jedoch ist auch eine Veränderung des Eckenradius r_E möglich, die dazu führt, daß die Werkzeugvolumenspur des aktuellen Fräsers nicht mehr eine Teilmenge der Werkzeugvolumenspur des Fräsers mit dem Eckenradius $r_{E,max}$ darstellt und somit möglicherweise eine Kollision erfolgt (Bild 4.9). Für die Kollisionsbetrachtung im Programmiersystem ergeben sich nun drei Möglichkeiten:

- Kollisionsbetrachtung für ein "Werkzeug", das aus der Summe der Volumina aller Fräser mit dem Radius $r_{F,max}$ und dem Eckenradius $r_{E,akt}$ mit $r_{E,min} \leq r_{E,akt} \leq r_{E,max}$ gebildet wird,
- getrennte Kollisionsbetrachtung einmal für einen Fräser mit $r_{F,max}$ und $r_{E,max}$ und einmal für einen Fräser mit $r_{F,max}$ und $r_{E,min}$, sodaß beide Grenzwerte betrachtet werden, sowie
- lediglich Kontrolle für einen der Grenzwerte $r_{E,max}$ und $r_{E,min}$.

Die erste Möglichkeit der Kollisionskontrolle ist hinsichtlich des Änderungsaufwandes im Programmiersystem und der dann für die Kollisionsbetrachtung benötigten Rechenzeit sehr aufwendig. Die zweite Lösung führt bei vertretbaren Aufwand bereits zu guten Ergebnissen, da eine Änderung des Eckenradius in einem sehr kleinen Bereich liegt und damit auch der mögliche zusätzliche Kollisionsbereich sehr klein ist. Das am Institut für Steuerungstechnik entwickelte Programmiersystem ISWAX5 für mehrachsiges Fräsen /40,41/, das im Rahmen dieser Arbeit für die NC-Programmerstellung vorgesehen und diesbezüglich untersucht wurde, benutzt die dritte Lösung und nimmt wegen des ohnehin geringen Wertes von $r_{E,max}$ (maximal ca. 1 mm) grundsätzlich nur eine Kollisionsbetrachtung für $r_E = 0$, also für einen Schaftfräser ohne Eckenradius, vor. Die Bestimmung des minimalen Voreilwinkels wird dabei ebenfalls unter dieser Annahme vorgenommen, und es ergibt sich auf Grund des vergleichsweise großen Schneidenflugkreises des Schaftfräsers ohne Eckenradius für den Voreilwinkel automatisch ein so großer Wert, daß erfahrungsgemäß für den Schaftfräser mit Eckenradius trotz der Positionsänderung eine Kollision mit der Bearbeitungsfläche auszuschließen ist. Die dritte Lösungsvariante für die Kollisionsbetrachtung bei einem Schaftfräser mit Eckenradius wird also mit Erfolg praktiziert, und es ist speziell beim hier betrachteten Programmiersystem keine Änderung notwendig.

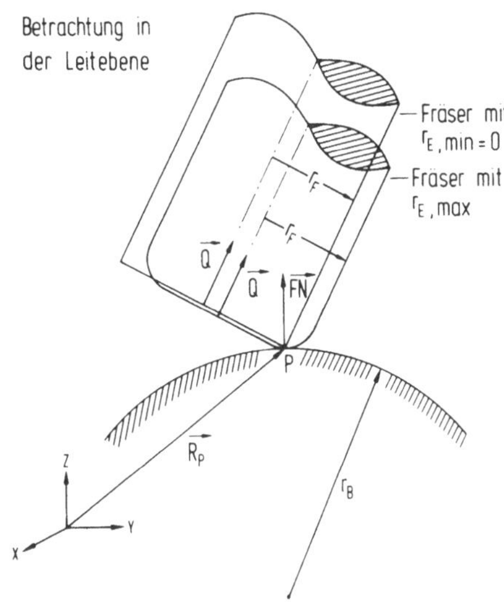

Bild 4.9: Positionsänderung der Spitze eines Schaftfräsers mit Eckenradius bei Verringerung des Eckenradius

Hinsichtlich des Voreilwinkels β wird aus Kollisionsschutzgründen für das Programmiersystem festgelegt, daß er grundsätzlich für den Radius $r_{F,max}$ bestimmt wird. Ein vom Programmierer vorgegebener Voreilwinkel β_4 wird analog Abschnitt 4.2.3 berücksichtigt.

4.3.2 Fräsergeometriekorrektur in der NC

Die Lösung für die Fräsergeometriekorrektur in der NC ist unabhängig davon, ob die Lösungsvariante mit einem konventionellen oder die mit einem modifizierten Programmiersystem zur Anwendung kommt. Abhängig von dem verwendeten Fräsertyp und der aktuellen Fräsergeometrie werden aus der Position des Fräsereingriffspunktes die Position der Fräserspitze mit dem Vektor $\vec{R_S}$, der Fräserachsrichtungsvektor $\vec{Q}$ und der Vorschub v_s für die Fräserspitze berechnet (Bild 4.10). Neben der Fräsergeometrie und den Eingriffspunkten benötigt die Steuerung dazu zusätzliche Angaben:

- den auf Grund allgemeiner Kollisionsbetrachtungen ermittelten, minimalen Voreilwinkel $\beta_{3,min}$ oder einen fest vorgegebenen Voreilwinkel β_4,
- die Flächennormale $\vec{FN}$ im Eingriffspunkt und
- die Flächenkrümmungsradien r_B und r_N.

Frösertyp	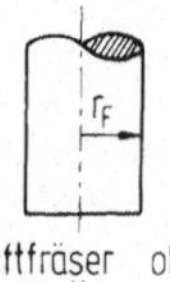 Schaftfräser ohne Eckenradius (r_F)	 Schaftfräser mit Eckenradius (r_F, r_E)	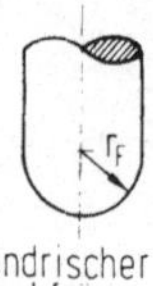 Zylindrischer Gesenkfräser (r_F)	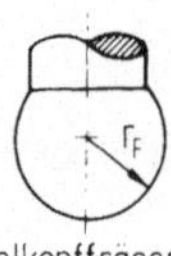 Kugelkopffräser (r_F)
Fräserachs-richtungs-vektor	$\vec{Q}^\circ = \sin\beta \cdot \vec{TB}^\circ + \cos\beta \cdot \vec{FN}^\circ$			
Position der Fräserspitze	$\vec{R_S} = \vec{R_P} + r_E\,(\vec{FN}^\circ - \vec{Q}^\circ) + (r_F - r_E)\,\vec{V_2^\circ}$ mit $\vec{V_2^\circ} = (\vec{TB}^\circ \times \vec{FN}^\circ) \times \vec{Q}^\circ$			
Vorschub für die Fräser-spitze	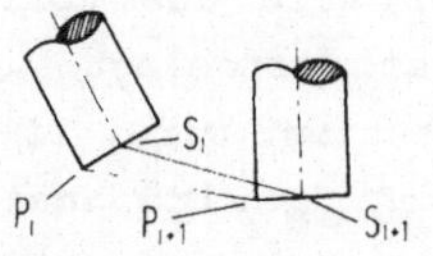 $v_S = \dfrac{\overline{S_i S_{i-1}}}{\overline{P_i P_{i-1}}}\, v_{Bahn}$ (P_i, P_{i+1}, S_i, S_{i+1})			

Bild 4.10: Bestimmung des Vektors $\vec{R_S}$ zur Fräserspitze, des Fräserachsrichtungsvektors $\vec{Q}$ und des Vorschubs v_S für die Fräserspitze

Die Angabe der Flächenkrümmungsradien wird benötigt, um bei Vorgabe von $\beta_{3,min}$ die bereits angesprochene Optimierung des resultierenden Voreilwinkels β zu ermöglichen, indem die aktuellen Komponenten $\beta_1(r_{F,akt})$ und $\beta_2(r_{F,akt})$ neu berechnet werden und damit für $\beta(r_{F,akt})$ gilt:

$$\beta(r_{F,akt}) = \max \epsilon \; (\beta_1(r_{F,akt}), \beta_2(r_{F,akt}), \beta_{3,min})$$

Mit

$$\beta_1(r_{F,akt}) \leq \beta_1(r_{F,max})$$
$$\beta_2(r_{F,akt}) \leq \beta_2(r_{F,max})$$

wird automatisch die Bedingung eingehalten:

$$\beta_1(r_{F,akt}) \leq \beta_{3,max}(r_{F,max})$$
$$\beta_2(r_{F,akt}) \leq \beta_{3,max}(r_{F,max})$$

Die Berechnung der Vorschubgeschwindigkeit für die Fräserspitze nach Bild 4.10 geht von der Vorgabe der Geschwindigkeit im Eingriffspunkt aus; durch das Modul Rückwärtstransformation werden aus dem Vorschub in der Fräserspitze die Achsvorschübe berechnet. Die Geschwindigkeitsberechnung für die Fräserspitze hängt bei konstantem Vorschub im Eingriffspunkt implizit vom Fräserradius ab. Es ist zu untersuchen, ob die Spindeldrehzahl und die Vorschubgeschwindigkeit im Eingriffspunkt ebenfalls durch die aktuelle Fräsergeometrie beeinflußt werden.

Es wird davon ausgegangen, daß sich bei den hier in Frage kommenden Änderungen der Fräsergeometrie die Anzahl der Schneiden des Fräsers nicht verändert. Um bei unterschiedlichen Fräserabmessungen, aber gleichbleibender Anzahl der Fräserschneiden eine konstante Schnittleistung des Fräsers zu erzielen, muß die NC über eine Anpassung der Spindeldrehzahl für eine konstante Umfangsgeschwindigkeit des Fräsers im Eingriffspunkt sorgen. Für die Berechnung der aktuellen Spindeldrehzahl benötigt die NC vom Programmiersystem die Vorgabe der Spindeldrehzahl $N_S(r_{F,max})$; der Einfluß des Eckenradius r_E eines Schaftfräsers mit Eckenradius kann wieder wie bei der Bestimmung des Fräsrillenprofils vernachlässigt werden. Die NC ermittelt nun sowohl für den Fräser mit $r_{F,max}$ als auch für den Fräser mit $r_{F,akt}$ die Position und den Abstand $A_{P,Q}$ des Eingriffspunktes vom Fräserachsrichtungsvektor sowie mit diesen Werten die aktuelle Spindeldrehzahl $N_S(r_{F,akt})$:

$$N_S(r_{F,akt}) = \frac{A_{P,Q}(r_{F,max})}{A_{P,Q}(r_{F,akt})} N_S(r_{F,max})$$

Da die Schnittleistung somit konstant gehalten werden kann, wird die programmierte Vorschubgeschwindigkeit im Eingriffspunkt unabhängig von der aktuellen Fräsergeometrie unverändert beibehalten.

Die Berechnung der Vorschubgeschwindigkeit für die Fräserspitze und die Anpassung der Spindeldrehzahl finden auch bei den in den weiteren Kapiteln behandelten Bearbeitungsfällen in vergleichbarer Weise Anwendung, soweit dies notwendig ist.

Betrachtet man den Realisierungsaufwand, so gilt, daß sowohl die Anforderungen an ein modifiziertes Programmiersystem wie auch die an die NC mit vertretbarem Aufwand erfüllt werden können.

Mögliche Veränderungen hinsichtlich der benötigten Bearbeitungszeit und der erzielbaren Oberflächengenauigkeit besitzen großen Einfluß auf die Einsetzbarkeit der Fräsergeometriekorrektur und sollen für die Lösung mit und ohne Modifikationen der Kollisionsbetrachtungen des Programmiersystems eingehend untersucht werden.

4.3.3 Bearbeitungszeiten und Oberflächengüte bei Anbindung an ein modifiziertes Programmiersystem

Die bevorzugte Lösungsalternative mit einem modifizierten Programmiersystem bietet den Vorteil der On-line-Fräsergeometriekorrektur bei gleichzeitiger Einhaltung der maximal zugelassenen Rauhtiefe. Es ist jedoch zu untersuchen, in welchem Umfang eine höhere Anzahl an Fräsbahnen benötigt wird, als es für einen Fräser mit Maximalabmessungen notwendig ist, und inwieweit sich damit die Bearbeitungszeit verlängert. Zwei Faktoren wirken sich in einer Verlängerung der Bearbeitungszeit aus:

- der vom Programmiersystem zur Fräsbahnbestimmung benutzte Fräserradius $r_{F,min}$, der grundsätzlich eine größere Anzahl von Fräsbahnen erfordert als ein Fräser mit dem Nennradius, und
- die Festlegung, daß im Programmiersystem auch für den Fräser mit dem Radius $r_{F,min}$ der resultierende Voreilwinkel $\beta(r_{F,max})$ benutzt wird, hier also auf eine eventuell mögliche Verringerung des Voreilwinkels auf Grund einer veränderten Kollisionssituation und damit auf eine Verbreiterung der Fräsrillen sowie eine Verringerung der Fräsbahnanzahl verzichtet werden muß.

Diese grundsätzlichen Überlegungen müssen auf die Praxis abgebildet werden. Zum einen wird bei den nachfolgenden Betrachtungen lediglich der erste Faktor berücksichtigt, da der zweite Faktor in seinen Auswirkungen ihm gegenüber vernachlässigt werden kann. Zum anderen ist zu beachten, daß die Inhomogenität der Fräsrillen auf beliebig gekrümmten Bearbeitungsflächen eine sehr große Rolle spielt. Insbesondere die Stelle einer Fräsbahn nämlich, die für die Bestimmung des Fräsbahnabstandes wesentlich ist, zeichnet sich durch eine verhältnismäßig geringe Fräsrillenbreite bzw. Überdeckung aus. Gerade bei einer geringen Überdeckung weichen aber die Fräsrillenprofile von Fräsern mit nur leicht differierender Geometrie lediglich in vergleichsweise geringem Maß voneinander ab. Dies hat erfahrungsgemäß zur Folge, daß die Fräsbahndichte sich bei verringertem Fräserradius in wesentlich geringerem Umfang erhöht als bei analytisch beschreibbaren Flächen mit homogenen Fräsrillen.

Die folgenden Untersuchungen werden ausschließlich an analytisch beschreibbaren Flächen vorgenommen, die zu homogenen Fräsrillen führen und damit als Grenzfall mit den schlechtesten Ergebnissen anzusehen sind. Einen wesentlichen Einfluß auf die Ergebisse besitzt u.a. die Flächenkrümmung im Normalprofilschnitt; die Flächenkrümmung in Fräsbahnrichtung spielt hier, wie mathematisch hergeleitet wird, wegen des konstanten Voreilwinkels β keine Rolle. Bei den Flächen werden daher unterschiedliche Flächenkrümmungen im Normalprofilschnitt betrachtet, die so gewählt sind, daß sie bei konkaven Flächen in Verbindung mit einem jeweils vorgegebenen, minimalen Voreilwinkel die maximale Krümmung darstellen. Um einen Vergleich zu ermöglichen, werden bei konvexen Flächen die gleichen Kombinationen von Flächenkrümmung im Normalprofilschnitt und Voreilwinkel benutzt.

4.3.3.1 Bearbeitungszeiten und Oberflächengüte bei Verwendung eines Schaftfräsers

Die in diesem Abschnitt für einen Schaftfräser ohne Eckenradius erarbeiteten Ergebnisse können auf einen Schaftfräser mit Eckenradius übertragen werden.

Zur Bestimmung der prozentualen Verlängerung $T_{B,rel}$ der Bearbeitungszeit kann die Fräsrillenbreite herangezogen werden, die sich umgekehrt proportional zur Bearbeitungszeit verhält. Bei der prozentualen Verlängerung der Bearbeitungszeit geht man von der Bearbeitungszeit $T_B(r_{F,max})$ für den Fräser mit $r_{F,max}$ aus und setzt dazu die Bearbeitungszeit $T_B(r_{F,min})$ für den Fräser mit $r_{F,min}$ bei gleichbleibender Fräsrillentiefe $R_{t,max}$ ins Verhältnis.

Für den Fall der Bearbeitung einer Ebene mit einem Schaftfräser ohne Eckenradius berechnet sich die prozentuale Verlängerung der Bearbeitungszeit nach Bild 4.11. Der Grenzwinkel β_{Grenz} gibt den Winkelwert an, bis zu dem sich der Schaftfräser mit seinem vollen Durchmesser im Bereich der maximal zugelassenen Rauhtiefe im Eingriff befindet. Neben den Extremwerten für den Fräserradius wird die Bearbeitungszeit durch die zugelassene Rauhtiefe und den Voreilwinkel bestimmt. Eine Flächenkrümmung in Fräsbahnrichtung, ausgedrückt durch einen Flächenkrümmungsradius r_B, würde die Ergebnisse nicht verändern, soweit eine konkave Krümmung sich nicht indirekt über den Voreilwinkel auswirkt.

$$\Delta T_{B,rel} = \begin{cases} \dfrac{r_{F,max}}{r_{F,min}} - 1 & \text{für } 0^\circ \leq \beta \leq \beta_{Grenz}(r_{F,min}), \beta_{Grenz}(r_{F,max}) \\ \dfrac{\sqrt{2R_{t,max} \cdot r_{F,max} \cdot \sin\beta - R_{t,max}^2}}{r_{F,min} \cdot \sin\beta} & \text{für } \beta_{Grenz}(r_{F,max}) < \beta \leq \beta_{Grenz}(r_{F,min}) \\ \sqrt{\dfrac{2R_{t,max} \cdot r_{F,max} \cdot \sin\beta - R_{t,max}^2}{2R_{t,max} \cdot r_{F,min} \cdot \sin\beta - R_{t,max}^2}} & \text{für } \beta > \beta_{Grenz}(r_{F,min}), \beta_{Grenz}(r_{F,max}) \end{cases}$$

mit

$$\Delta T_{B,rel} = \frac{T_B(r_{F,min})}{T_B(r_{F,max})} - 1$$

$$\beta_{Grenz} = \arcsin \frac{R_{t,max}}{r_F}$$

Bild 4.11: Berechnung der prozentualen Verlängerung der Bearbeitungszeit bei der Bearbeitung einer Ebene mit einem Schaftfräser

Der Wertebereich einiger Größen kann eingeschränkt werden. Zum einen gilt für das Verhältnis von maximal zugelassener Rauhtiefe $R_{t,max}$ und maximalem Fräserradius $r_{F,max}$ üblicherweise ein Wertebereich von $0{,}001 \leq R_t/r_F \leq 0{,}02$ /1/, zum anderen überschreitet die Differenz $r_{F,max} - r_{F,min}$ selten einen Wert von 1 mm, sodaß das Verhältnis $r_{F,min}/r_{F,max}$ in der Regel

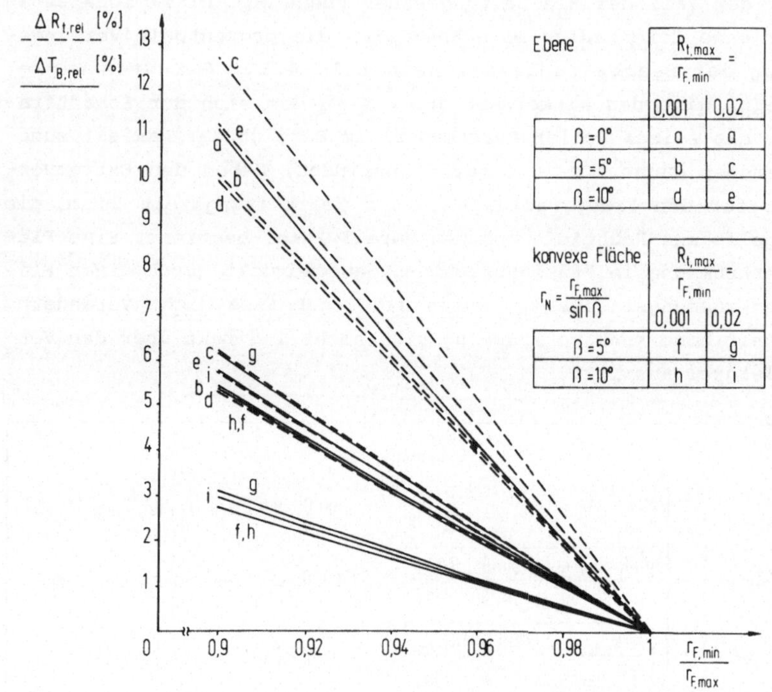

<u>Bild 4.12:</u> Veränderung der Bearbeitungszeit und der Fräsrillentiefe bei Bearbeitung einer ebenen oder konvexen Fläche mit einem Schaftfräser

deutlich über 0,9 liegt. Bild 4.12 stellt die prozentuale Zunahme der Bearbeitungszeit in Abhängigkeit vom Parameter $r_{F,min}/r_{F,max}$ für die Grenzwerte von $R_{t,max}/r_{F,max}$ und verschiedene Voreilwinkel β dar. Für den bei einer ebenen Fläche optimalen Voreilwinkel $\beta = 0^o$ mit einer Fräsrillentiefe $R_{t,max} = 0$ ergibt sich die größte Zunahme der Bearbeitungszeit. Wird z.B. vom Programmierer ein Schaftfräser mit $r_{F,max} = 25$ mm gewählt und eine größtmögliche Verringerung des Radius um 1 mm vorgegeben, so folgt eine Erhöhung der Bearbeitungszeit um 4,2 %. Diese Erhöhung ist verhältnismäßig gering. Bei einem Voreilwinkel $\beta > \beta_{Grenz}$ reduziert sich die zusätzliche Bearbeitungszeit wesentlich; Bild 4.12 zeigt die Ergebnisse für $\beta = 5^o$ und $\beta = 10^o$. Die unterschiedlichen Voreilwinkel $\beta = 5^o$ und $\beta = 10^o$ sowie die beiden Grenzwerte für das Verhältnis $R_{t,max}/r_{F,max}$ führen zu sehr ähnlichen Ergebnissen.

Soweit ein Fräser mit $r_{F,akt} > r_{F,min}$ eingesetzt wird, steht der Erhöhung der Bearbeitungszeit bei einem Voreilwinkel $\beta > \beta_{Grenz}$ als Vorteil die Verbesserung der Oberflächengüte durch Verringerung der Fräsrillentiefe gegenüber. Für die relative, prozentuale Verringerung der Fräsrillentiefe kann hergeleitet werden:

$$\Delta R_{t,rel} = 1 - (R_{t,akt}/R_{t,max}) =$$

$$= 1 - \frac{r_{F,akt} \sin \beta}{R_{t,max}}$$

$$- \frac{(r_{F,akt}^2 \sin^2 \beta \; - 2 \; R_{t,max} \; r_{F,min} \sin \beta \; + R_{t,max}^2)^{1/2}}{r_{t,max}}$$

Bild 4.12 veranschaulicht die größtmögliche, relative Verringerung der Fräsrillentiefe, die bei $r_{F,akt} = r_{F,max}$ auftritt, für einen gegebenen Radius $r_{F,min}$.

Die Bearbeitung einer ebenen Fläche oder einer Fläche, die nur in Fräsbahnrichtung eine Flächenkrümmung aufweist, stellt einen Sonderfall dar. In der Regel ist der Einfluß einer Flächenkrümmung r_N im Normalprofilschnitt zu berücksichtigen, sodaß sich die Verlängerung der Bearbeitungszeit nach Bild 4.13 berechnet.

Bild 4.12 zeigt die prozentuale Zunahme der Bearbeitungszeit für die Grenzwerte des Verhältnisses $R_{t,max}/r_{F,max}$ bei Voreilwinkeln von $\beta = 5^o$ und $\beta = 10^o$ für konvexe Flächenkrümmungen im Normalprofilschnitt, Bild 4.14 die prozentuale Zunahme für konkave Flächenkrümmungen. Es wird $r_N = r_{F,max}/\sin \beta$ für kon-

$$\Delta T_{B,rel} = \begin{cases} \dfrac{r_{F,max}}{r_{F,min}} - 1 & \text{für } 0° \le \beta \le \beta_{Grenz}(r_{F,min}), \beta_{Grenz}(r_{F,max}) \\ \dfrac{\sqrt{R_{t,max}^2 - A_{max}^2 + 2k_N r_N (R_{t,max} - A_{max})}}{r_{F,min}} & \text{für } \beta_{Grenz}(r_{F,max}) < \beta \le \beta_{Grenz}(r_{F,min}) \\ \sqrt{\dfrac{R_{t,max}^2 - A_{max}^2 + 2k_N r_N (R_{t,max} - A_{max})}{R_{t,max}^2 - A_{min}^2 + 2k_N r_N (R_{t,max} - A_{min})}} & \text{für } \beta > \beta_{Grenz}(r_{F,min}), \beta_{Grenz}(r_{F,max}) \end{cases}$$

mit

$$\Delta T_{B,rel} = \frac{T_B(r_{F,min})}{T_B(r_{F,max})} - 1$$

$$\beta_{Grenz} = \arcsin k_N \frac{\sqrt{(r_N + k_N R_{t,max})^2 - r_F^2} - r_N}{r_F}$$

$$A_{min} = A(r_{F,min}, R_{t,max}); \quad A_{max} = A(r_{F,max}, R_{t,max})$$

$$A = \frac{k_N \sqrt{\dfrac{r_F^2}{\sin^2\beta} + 2k_N r_N \left(\dfrac{r_F}{\sin\beta} + \left(1 - \dfrac{1}{\sin^2\beta}\right) R_t\right) + r_N^2 + \left(1 - \dfrac{1}{\sin^2\beta}\right) R_t^2} - k_N r_N + \dfrac{r_F}{\sin\beta}}{1 - \dfrac{1}{\sin^2\beta}}$$

k = +1 : konvexe Flächenkrümmung im Normalprofilschnitt
k = -1 : konkave Flächenkrümmung im Normalprofilschnitt

Bild 4.13: Berechnung der prozentualen Verlängerung der Bearbeitungszeit bei der Bearbeitung einer gekrümmten Fläche mit einem Schaftfräser

vexe und $r_N = - r_{F,max}/\sin\beta$ für konkave Krümmungen angenommen; bei konkaver Krümmung stellt dies, wie bereits ausgeführt wurde, die in Verbindung mit den gewählten Voreilwinkel maximal mögliche Flächenkrümmung im Normalprofilschnitt dar und ermöglicht für eine konvexe Krümmung die Vergleichbarkeit der Ergebnisse.

Für eine konvexe Krümmung im Normalprofilschnitt ergeben sich im Vergleich zur Ebene noch geringere Zunahmen bei der Bearbeitungszeit, sodaß hier sehr günstige Ergebnisse vorliegen. Bei konkaven Krümmungen nimmt die zusätzliche Bearbeitungszeit absolut und im Vergleich verhältnismäßig stark zu, z.B. für $R_{t,max}/r_{F,max} = 0{,}001$ und $r_{F,min}/r_{F,max} = 0{,}96$ bei einem Vor-

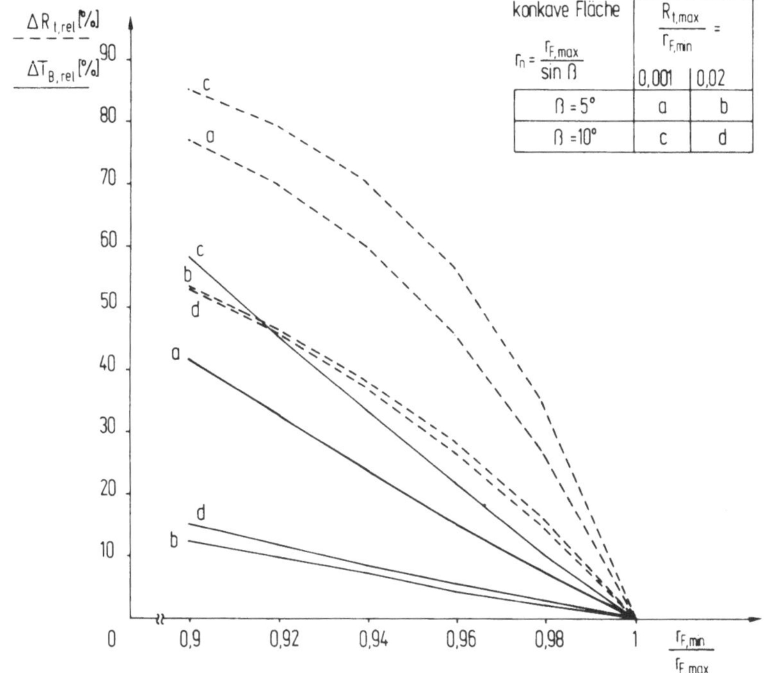

Bild 4.14: Veränderung der Bearbeitungszeit und der Fräsrillentiefe bei Bearbeitung einer konkaven Fläche mit einem Schaftfräser

eilwinkel $\beta = 10^{\circ}$ um 21,8 Prozent. Tendenziell wird die Zunahme der Bearbeitungszeit für eine geringere konkave Krümmung und einen entsprechend optimierten Voreilwinkel geringer, für eine größere konkave Flächenkrümmung größer. Wird der Voreilwinkel nicht abhängig von der Flächenkrümmung im Normalprofilschnitt optimiert und so klein wie möglich gewählt, verbessern sich die Ergebnisse wesentlich. In der Praxis kann sich dies auch daraus ergeben, daß für die Berechnung des minimalen Voreilwinkels der Krümmungsradius r_B in Fräsbahnrichtung, die bereits zurückgelegte Fräsbahn und die allgemeine Kollisionssituation berücksichtigt werden und der resultierende Voreilwinkel β größer als die von r_N abhängige Komponente des Voreilwinkels ist.

Für einen Fräser mit $r_{F,akt} > r_{F,min}$ steht wiederum der Erhöhung der Bearbeitungszeit bei einem Voreilwinkel $\beta > \beta_{Grenz}$ als Vorteil die Verbesserung der Oberflächengüte durch Verringerung der Fräsrillentiefe gegenüber. Bild 4.12 und Bild 4.14 zeigen die Ergebnisse.

4.3.3.2 Bearbeitungszeiten und Oberflächengüte bei Verwendung eines zylindrischen Gesenk- oder Kugelkopffräsers

Bei der Bearbeitung einer Fläche mit einem zylindrischen Gesenk- oder Kugelkopffräser besitzt der Voreilwinkel β keinen Einfluß auf die Verlängerung der Bearbeitungszeit. Es bleiben die Einflußfaktoren Fräserradius, maximale Rauhtiefe und Flächenkrümmungsradius im Normalprofilschnitt (Bild 4.15).

gekrümmte Fläche allgemein

$$\Delta T_{B,rel} = \sqrt{\frac{A_{max}(r_{F,max}-A_{max})}{A_{min}(r_{F,min}-A_{min})}}$$

mit

$$\Delta T_{B,rel} = \frac{T_B(r_{F,min})}{T_B(r_{F,max})} - 1$$

$$A_{min} = A\,(r_{F,min},\ R_{t,max})$$

$$A_{max} = A\,(r_{F,max},\ R_{t,max})$$

$$A = \frac{2\,r_N R_t + k_N R_t^2}{2(r_N + k_N\,r_F)}$$

$k_N = +1$: konvexe Flächenkrümmung im Normalprofilschnitt
$k_N = -1$: konkave Flächenkrümmung im Normalprofilschnitt

Sonderfall $r_N \to \infty$ (z.B. Ebene)

$$\Delta T_{B,rel} = \sqrt{\frac{2r_{F,max} - R_{t,max}}{2r_{F,min} - R_{t,max}}}$$

Bild 4.15: Berechnung der prozentualen Verlängerung der Bearbeitungszeit bei Bearbeitung mit einem zylindrischen Gesenk- oder Kugelkopffräser

Geht man zunächst wieder wie beim Schaftfräser von der Bearbeitung einer ebenen Fläche oder einer Fläche, die nur in Bahnrichtung eine Krümmung aufweist, aus, so erhält man bei beiden Grenzwerten des Verhältnisses $R_{t,max}/r_{F,max}$ günstige Werte für die zusätzlich notwendige Bearbeitungszeit (Bild 4.16). So folgt z.B. bei einem Fräser mit $r_{F,max}$ = 25 mm und $r_{F,min}$ = 24 mm und einer zugelassenen Rauhtiefe von 0,025 mm eine Verlängerung der Bearbeitungszeit um 2,06 Prozent. Bei konvexen Krümmungen im Normalprofilschnitt wird die zusätzlich benötigte Bearbeitungszeit noch geringer, bei konkaven Krümmungen größer, jedoch liegen auch bei den konkaven Krümmungen

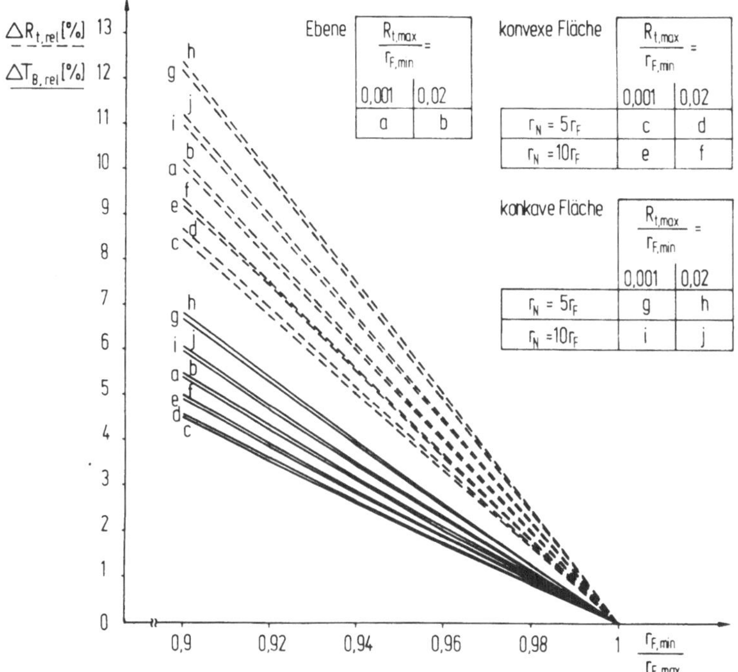

Bild 4.16: Veränderung der Bearbeitungszeit und der Fräsrillentiefe bei Bearbeitung unterschiedlich gekrümmter Flächen mit einem zylindrischen Gesenk- oder Kugelkopffräser

und den angegebenen Verhältnissen $r_N/r_{F,max}$ die Werte in einem akzeptablen Bereich.

Bei Fräserradien $r_{F,akt} > r_{F,min}$ verbessert sich wie beim Schaftfräser die Oberflächengüte, wie Bild 4.16 für $r_{F,akt} = r_{F,max}$ zeigt. Für die prozentuale Verringerung der Fräsrillentiefe gilt:

$$\Delta R_{t,rel} = 1 - \frac{R_{t,akt}}{R_{t,max}} =$$

$$= 1 - \frac{r_{F,akt} - (r_{F,akt}^2 - R_{t,max}\,(2\,r_{F,min} - R_{t,max}))^{1/2}}{R_{t,max}}$$

Die Untersuchungen zeigen zusammenfassend für alle betrachteten Fräsertypen bei konvexen und ebenen Flächen günstige Ergebnisse hinsichtlich der zusätzlich erforderlichen Bearbeitungszeit. Eine nennenswerte Zunahme der Bearbeitungszeit ist nur dann gegeben, wenn eine stärkere konkave Flächenkrümmung im Normalprofilschnitt vorliegt und der Fräser sich weitgehend an die Krümmung anschmiegt. In extremen Fällen kann es für den Programmierer sinnvoll sein, nur eine sehr kleine oder gar keine Abweichung vom maximalen Radius zuzulassen. Eine Programmiersystemfunktion zur Angabe und Beurteilung der zusätzlich benötigten Bearbeitungszeit ist daher sinnvoll. Der Verlängerung der Bearbeitungszeit stehen für Fräserradien $r_{F,akt} > r_{F,min}$ Verbesserungen der Oberflächengüte entgegen.

4.3.4 Oberflächengüte bei Anbindung an ein konventionelles Programmiersystem

Steht kein modifiziertes Programmiersystem für die bevorzugte Lösung zur Verfügung, erlaubt ein konventionelles Programmiersystem, in der NC eine Fräsergeometriekorrektur durchzuführen, bei der der Fräser bei verringertem Radius auf der vorgesehenen Fräsbahn geführt wird, aber die Oberflächengüte auf Grund der größeren Rauhtiefe schlechter wird. Um einen Bezug zu ermöglichen, werden die aus Abschnitt 4.3.3 bekannten Bearbeitungsbeispiele herangezogen, um die relative Vergrößerung der Rauhtiefe zu beurteilen, für die gilt:

$$\Delta R_{t,rel} = \frac{R_{t,akt}}{R_{t,max}} - 1$$

Auf die Darstellung des mathematischen Hintergrunds wird hier verzichtet.

4.3.4.1 Oberflächengüte bei Verwendung eines Schaftfräsers

Betrachtet man die Bearbeitung unterschiedlich gekrümmter Flächen mit einem Schaftfräser, lassen sich qualitativ ähnliche Aussagen wie in Abschnitt 4.3.3.1 machen. Die relative Vergrößerung der Rauhtiefe ist in den betrachteten Fällen mit bis zu ca. 7 % bei konvexen Flächenkrümmungen im Normalprofilschnitt am geringsten, steigert sich bei einer Ebene oder einer gekrümmten Fläche mit r_N gegen unendlich auf maximal ca. 16 % und nimmt bei konkaven Flächenkrümmungen im Normalprofilschnitt mit ca. 100 % bis 300 % sehr hohe Werte an (Bild 4.17, Bild 4.18).

4.3.4.2 Oberflächengüte bei Verwendung eines zylindrischen Gesenk- oder Kugelkopffräsers

Bei der Bearbeitung mit einem zylindrischen Gesenk- oder Kugelkopffräser liegen in den betrachteten Fällen die Werte für die relative Zunahme der Rauhtiefe mit ca. 9 % bis 14 % insgesamt niedriger und in einem enger gefaßten Wertebereich (Bild 4.19).

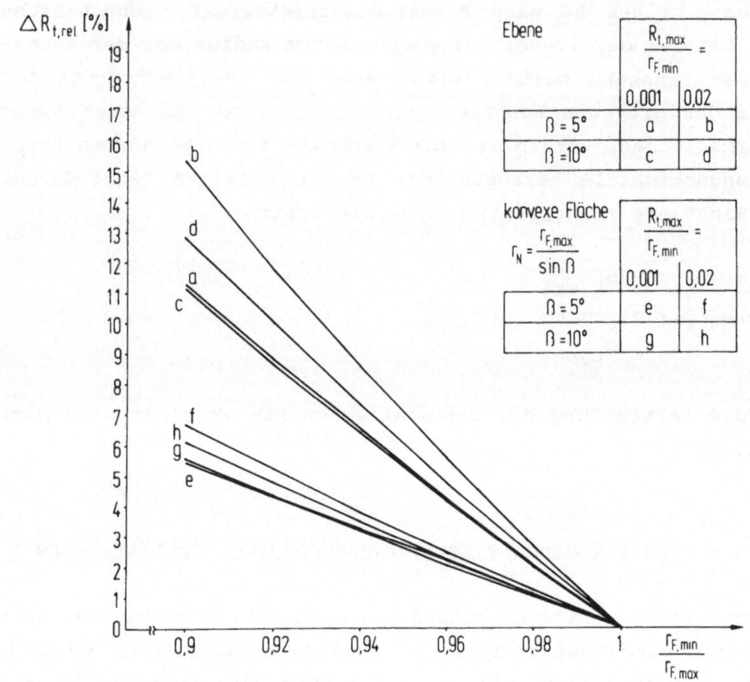

Bild 4.17: Vergröβerung der Fräsrillentiefe bei Bearbeitung einer ebenen oder konvexen Fläche mit einem Schaftfräser

Die Ergebnisse der Betrachtungen für den Schaft-, zylindrischen Gesenk- und Kugelkopffräser zeigen insgesamt, daβ der Zuwachs der Rauhtiefe insbesondere bei konkaver Flächenkrümmung und Einsatz eines Schaftfräsers nicht zu vernachlässigen ist. Wird der Zuwachs der Rauhtiefe vom Programmierer richtig abgeschätzt oder möglicherweise sogar vom Programmiersystem berechnet, kann durch Vorgabe eines geringeren Wertes für die maximal zugelassene Rauhtiefe die effektiv gewünschte Rauhtiefe erreicht oder unterschritten werden. Dabei sind wiederum eine dichtere Fräsbahndefinition und eine verlängerte Bearbeitungszeit die Folge.

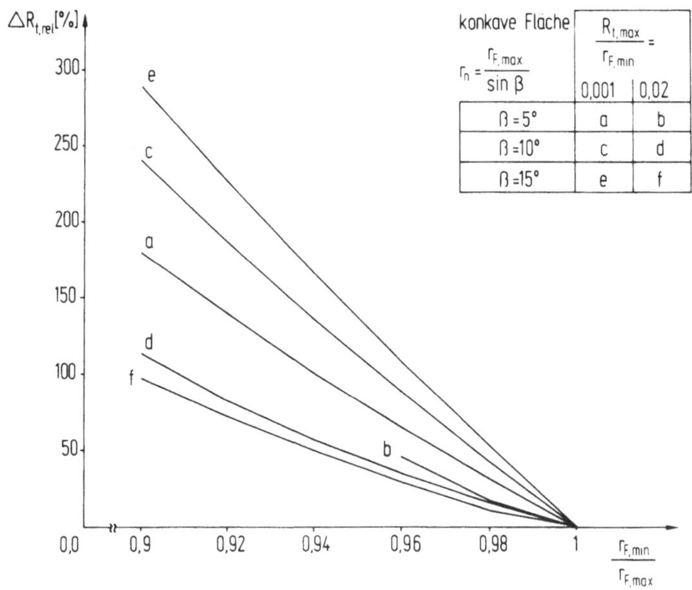

Bild 4.18: Vergrößerung der Fräsrillentiefe bei Bearbeitung einer konkaven Fläche mit einem Schaftfräser

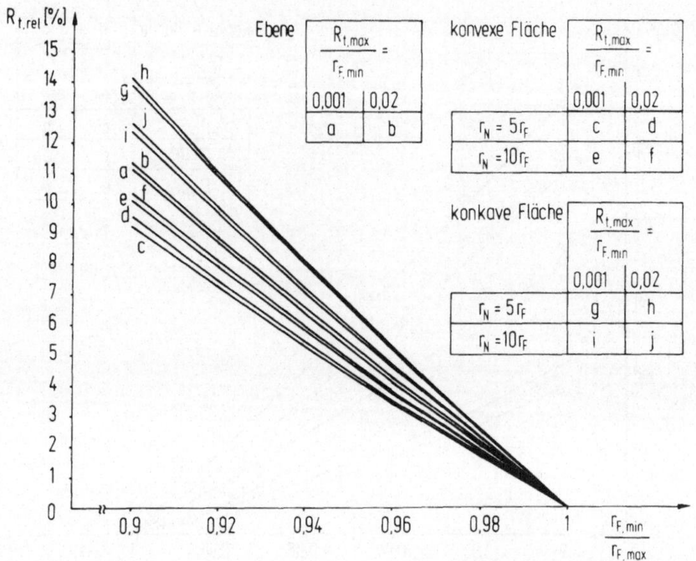

<u>Bild 4.19:</u> Vergrößerung der Fräsrillentiefe bei Bearbeitung unterschiedlich gekrümmter Flächen mit einem zylindrischen Gesenk- oder Kugelkopffräser

5 Fräsergeometriekorrektur für das fünfachsige Fräsen beliebig gekrümmter Flächen unter Berücksichtigung von Grenzflächen

Eine zu bearbeitende beliebig gekrümmte Fläche kann an eine oder mehrere Grenzflächen angrenzen. Eine Grenzfläche wird entweder durch eine weitere Bearbeitungsfläche oder durch eine Fläche gebildet, die aus Gründen des Kollisionsschutzes definiert wird; bei der allgemeinen Vorgehensweise zur Berücksichtigung von Grenzflächen spielt diese Unterscheidung keine Rolle.

5.1 Allgemeine Vorgehensweise bei der Bearbeitung beliebig gekrümmter Flächen unter Berücksichtigung von Grenzflächen

In Kapitel 4 wurde eine Fräserführung beschrieben, bei der die Leitebene für den Fräser durch die Flächennormale und die Bahntangente im Eingriffspunkt aufgespannt wird. Eine Bearbeitungsfläche kann jedoch hinsichtlich einer gegebenen Grenzfläche einen Grenzbereich besitzen, in dem eine solche Fräserführung wegen der daraus resultierenden Kollisionsprobleme nicht möglich ist. Dies trifft insbesondere dann zu, wenn eine Bearbeitungsfläche und zwei Grenzflächen aufeinanderstoßen. In diesen Fällen wird versucht, durch geeignete Auswahl des Frästyps und vor allem der Fräserachsrichtung eine kollisionsfreie Bearbeitung zu erzielen. Die Bearbeitung des kritischen Grenzbereichs einer Fläche erfolgt in der Regel hinsichtlich Fräserauswahl und -führung unabhängig von der Bearbeitung des normal zu bearbeitenden Inneren dieser Fläche; das Flächeninnere und der Grenzbereich werden daher meist überlappend bearbeitet.

Falls eine Grenzfläche ebenfalls eine zu bearbeitende Fläche ist, kann ein problematischer Grenzbereich bereits bei der Konstruktion des Werkstücks durch das Einfügen einer zusätzlichen Schmiegefläche eliminiert werden.

5.1.1 Einsatz eines zylindrischen Gesenk- oder Kugelkopffräsers

Für den problematischen Grenzbereich einer Bearbeitungsfläche wird meist ein zylindrischer Gesenk- oder ein Kugelkopffräser eingesetzt. Da bei beiden Fräsertypen keine Zerspanung an der Fräserspitze möglich ist, hier also ungünstige Schnittverhältnisse herrschen, wird durch eine entsprechende Vorgabe des Voreilwinkels durch den Programmierer die Zerspanung mit der Fräserspitze vermieden. Es ist zu beachten, daß zwei Arten von Fräserführung zur Anwendung kommen.

Bei der ersten Art wird direkt entlang der Schnittlinie von Bearbeitungs- und Grenzfläche eine Fräsbahn bestimmt, auf der der Fräser Berührpunkte mit den jeweils gegebenen zwei Flächen besitzt (Bild 5.1). Diese Fräsbahn führt zu einer Schmiegefläche zwischen Bearbeitungs- und Grenzfläche, deren Flächenkrümmung direkt vom Fräserradius abhängt. Wegen der direkten Abhängigkeit der erzeugten Werkstückgeometrie von der Frässergeometrie wird diese Lösung nur vereinzelt eingesetzt; auch ist eine Änderung des Fräserradius an der NC, für deren Berücksichtigung in diesem Kapitel eine Lösung aufgezeigt wird, nur in sehr geringem Umfang sinnvoll. In der Praxis wird das Einfügen von durch den Programmierer definierbaren Schmiegeflächen bevorzugt.

Sieht man von dem Sonderfall der Anschmiegung ab, kann in einem kritischen Grenzbereich eine Fräserführung zur Anwendung kommen, bei der abweichend von der in Kapitel 4 beschriebenen Fräserführung zusätzlich ein Seitwärtswinkel τ zugelassen wird, um Kollisionsprobleme zu vermeiden. Der Seitwärtswinkel wird definiert als Winkel zwischen der Bahntangenten $\overrightarrow{TB}$ und der Projektion des Fräserachsrichtungsvektors $\overrightarrow{Q}$ auf die Ebene, die von den Vektoren $\overrightarrow{TB}$ und $\overrightarrow{TN}$ aufgespannt wird (Bild 5.2); im Uhrzeigersinn wird er positiv, gegen den Uhrzeigersinn negativ angegeben.

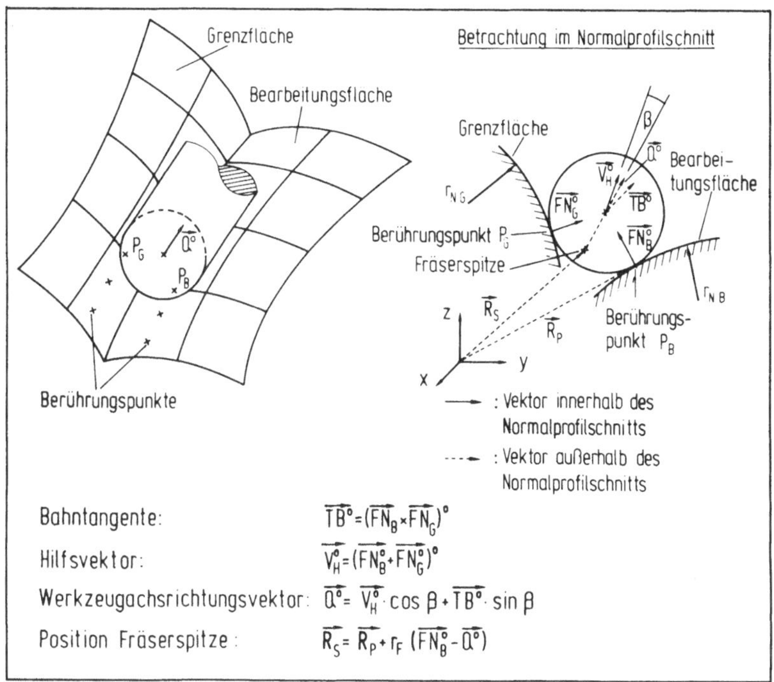

Bild 5.1: Führung eines zylindrischen Gesenk- oder Kugelkopffräsers entlang der Schnittlinie Bearbeitungsfläche - Grenzfläche

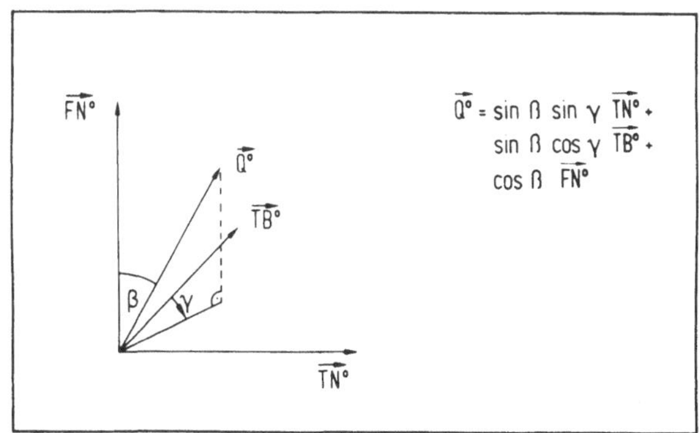

Bild 5.2: Werkzeugachsrichtungsvektor $\vec{Q^O}$ unter Berücksichtigung des Voreilwinkels β und des Seitwärtswinkels τ

Die Anwendung dieser Fräserführung für den zylindrischen Gesenk- oder Kugelkopffräser zeigt Bild 5.3. Der Fräser berührt die Grenzfläche bei dieser Fräserführung nicht, sondern besitzt einen geringen Sicherheitsabstand zu ihr. Diese Art der Fräserführung kann auch dann Verwendung finden, wenn andere Kollisionsursachen als eine Grenzfläche berücksichtigt werden müssen.

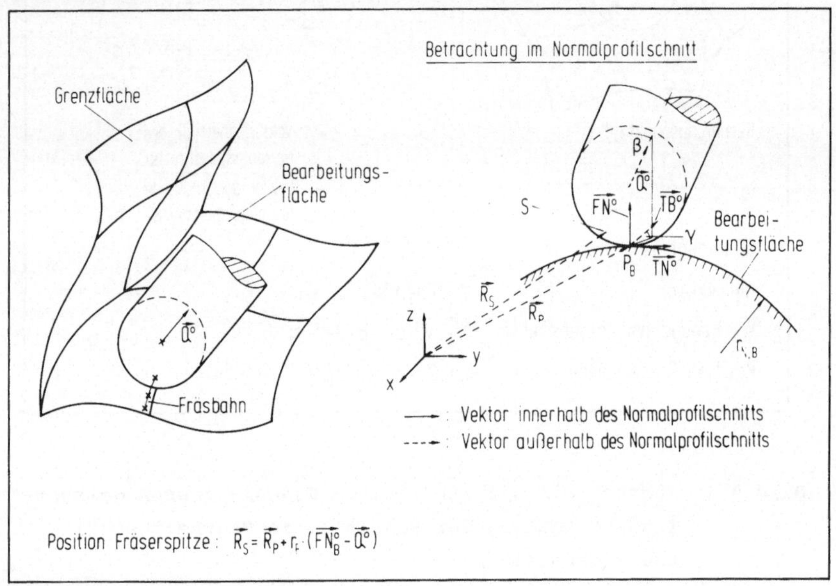

Bild 5.3: Führung eines zylindrischen Gesenk- oder Kugelkopffräsers unter Berücksichtigung einer Grenzfläche

5.1.2 Einsatz eines Schaftfräsers

Der Einsatz eines Schaftfräsers kann dann sinnvoll sein, wenn wiederum ein Seitwärtswinkel τ zugelassen wird, um Kollisionsprobleme zu vermeiden. Der Schaftfräser arbeitet in diesem Fall effizienter als der zylindrische Gesenk- oder der Kugelkopffräser nach Abschnitt 5.1.1. Das entstehende Fräsrillenprofil ist bei den üblicherweise benutzten, geringen Werten des Fräserseitwärtswinkels weitgehend unabhängig von diesem.

Bild 5.4 stellt den Einsatz eines Schaftfräsers ohne Eckenradius dar. Soll beim Schaftfräser zusätzlich ein Eckenradius berücksichtigt werden, folgt für die Berechnung der Fräserspitzenposition:

$$\vec{R_S} = \vec{R_P} + r_E\,(\vec{FN^o} - \vec{Q^o}) + (r_F - r_E)\begin{pmatrix} -\cos\beta & \cos\tau \\ -\cos\beta & \cos\tau \\ \sin\beta & \end{pmatrix}$$

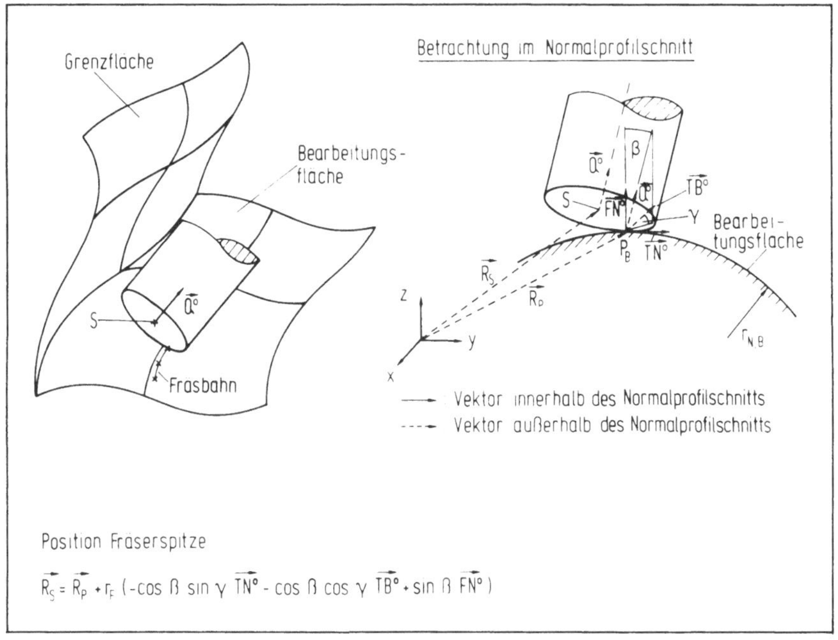

<u>Bild 5.4:</u> Führung eines Schaftfräsers ohne Eckenradius unter Berücksichtigung einer Grenzfläche

5.1.3 <u>Einsatz eines Faßfräsers</u>

Eine Alternative zum Stirnfräsen mit den bisher genannten Frästypen bietet das Umfangsfräsen mit dem Faßfräser. Die Orientierung des Fräserachsrichtungsvektors $\vec{Q}$ kann wiederum durch

Voreilwinkel und Seitwärtswinkel beschrieben werden (Bild 5.5). Der Einsatz eines Faßfräsers führt zu einem verhältnismäßig breiten Fräsrillenprofil, ohne einerseits die Größe und die damit verbundenen Kollisionsprobleme eines vergleichbaren zylindrischen Gesenk- oder Kugelkopffräsers zur Folge zu haben und ohne andererseits wie der Schaftfräser nur auf einen geringen Wert für den Seitwärtswinkel beschränkt zu sein.

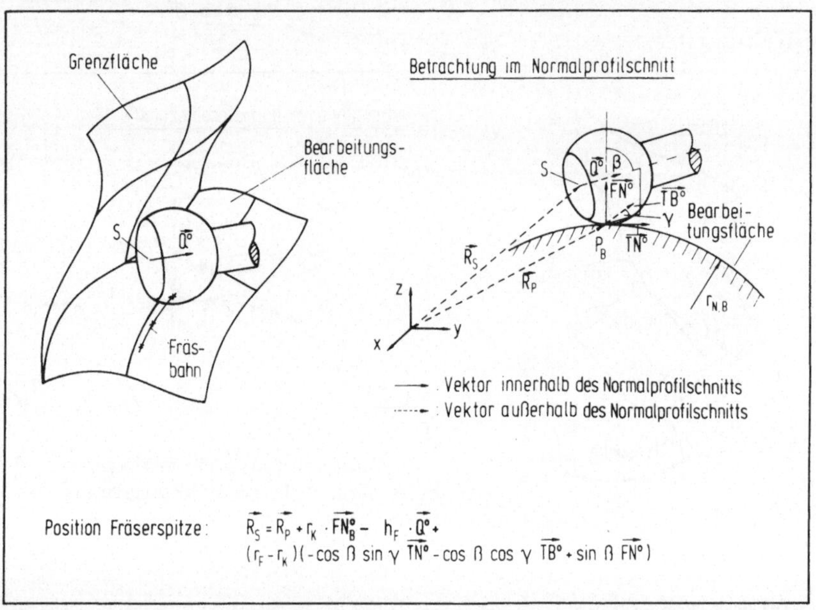

Bild 5.5: Führung eines Faßfräsers unter Berücksichtigung einer Grenzfläche

5.2 Lösungen für eine Fräsergeometriekorrektur

5.2.1 Anforderungen an ein modifiziertes Programmiersystem

Bereits in Abschnitt 4.3 wurden die beiden grundsätzlichen Möglichkeiten eines hinsichtlich der Fräsbahnberechnung und der Kollisionsbetrachtungen konventionellen und eines diesbezüglich modifizierten Programmiersystems beschrieben und bewertet. Bei der angestrebten Lösung mit einem modifizierten Programmiersystem ergibt sich für die Berechnung der Fräsbahnen und die damit verbundenen Kollisionsbetrachtungen im Programmiersystem wieder eine unterschiedliche Nutzung der zur Verfügung stehenden geometrischen Angaben für den Fräser (Bild 5.6). Die Anforderungen an ein modifiziertes Programmiersystem werden nachfolgend näher erläutert.

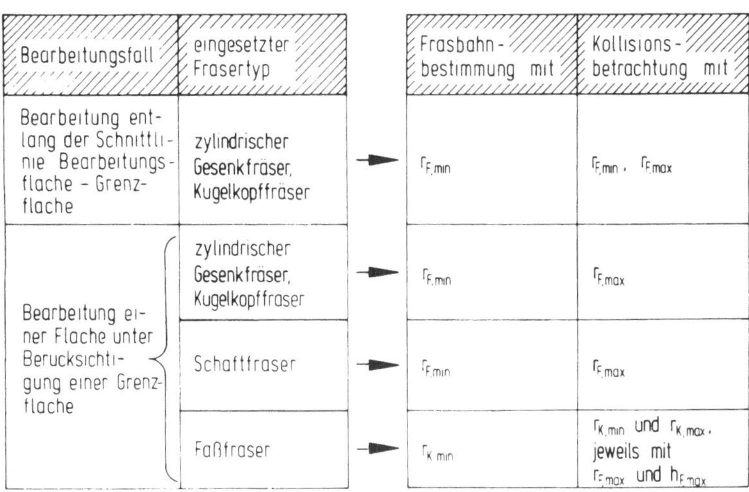

Bild 5.6: Nutzung von Frässergeometrieangaben für die Fräsbahnbestimmung und die Kollisionsbetrachtung im Programmiersystem

Bei der Bearbeitung entlang der Schnittlinie Bearbeitungsfläche - Grenzfläche mit einem zylindrischen Gesenk- oder einem Kugelkopffräser verschieben sich bei einer Änderung des Fräserradius die Berührpunkte, die der Fräser mit den beiden Flächen gemeinsam hat, und damit auch die Position der Fräserspitze. Speziell für die Kollisionsbetrachtung folgt daraus, daß die Werkzeugvolumenspur des Fräsers mit Radius $r_{F,akt}$ keine Teilmenge der Werkzeugvolumenspur des Fräsers mit Radius $r_{F,max}$ mehr darstellt. Das Programmiersystem führt jedoch eine ausreichend genaue Kollisionskontrolle durch, wenn es die Werkzeugvolumenspuren sowohl für $r_{F,min}$ wie auch für $r_{F,max}$ berücksichtigt. Zur Begründung wird auf den bereits genannten Sachverhalt hingewiesen, daß bei diesem Bearbeitungsfall, bei dem die Krümmung der erzeugten Schmiegefläche durch den Fräserradius bestimmt wird, lediglich eine sehr geringe Abweichung von der Nenngeometrie erwünscht sein wird. Damit ergeben sich auch nur geringe Verschiebungen von Eingriffspunkten, Fräsermittelpunkt und Fräserspitzenposition. Bild 5.7 zeigt die relativen, auf die Differenz der Fräserradien bezogenen Verschiebungen dieser Punkte für den vereinfachten, beispielhaften Fall, daß Bearbeitungs- und Grenzfläche gleichermaßen als Ebene ausgeführt sind und sich unter dem Winkel δ schnei-

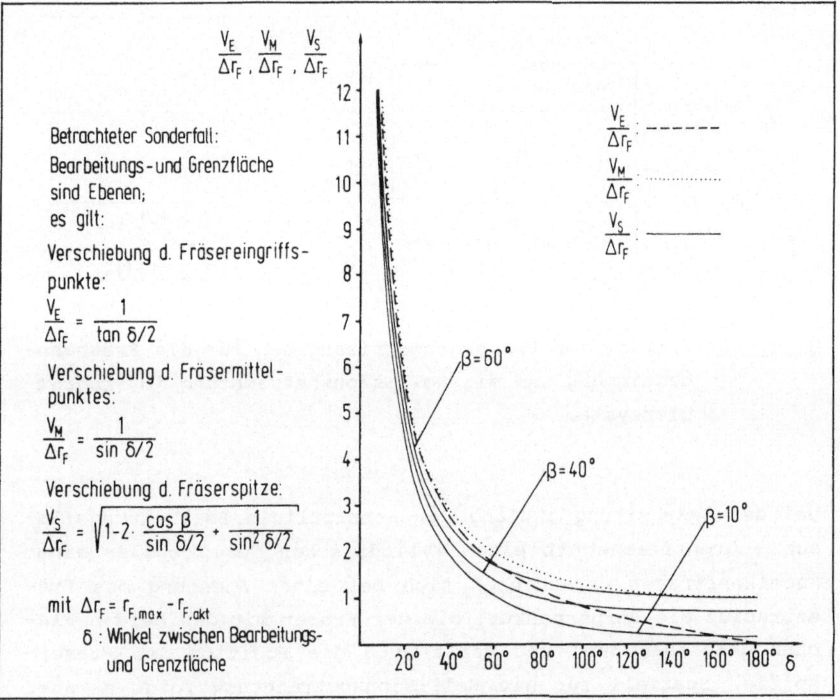

<u>Bild 5.7:</u> Relative Verschiebung von Eingriffspunkt, Fräsermitte und -spitze bei Veränderung des Fräserradius

den. In der Praxis kann ein Winkelbereich $90^\circ \leq \delta < 180^\circ$ als relevant gelten. Die sich ergebenden Punktverschiebungen besitzen in diesem Winkelbereich alle einen sehr geringen Wert.

Die Bearbeitung des hinsichtlich einer Kollision kritischen Grenzbereiches einer Bearbeitungsfläche mit einem zylindrischem Gesenk-, Kugelkopf-, Schaft- oder Faßfräser und einem Seitwärtswinkel erfordert ebenfalls besondere Maßnahmen im Programmiersystem. Für den zylindrischen Gesenk-, den Kugelkopf- und den Schaftfräser kann die Fräsbahnberechnung mit dem Radius $r_{F,min}$ und die Kollisionskontrolle mit dem Radius $r_{F,max}$ vorgenommen werden (Bild 5.6); die Kollisionskontrolle ist damit vollständig. Bei Verwendung eines Schaftfräsers mit Eckenradius gelten wieder die bereits in Abschnitt 4.3.1 getroffenen Aussagen.

Die Fräsbahndichte für einen Faßfräser hängt lediglich vom Krümmungsradius $r_{K,min}$ ab. Die Kollisionsbetrachtung für den Faßfräser fällt aufwendiger als für die anderen, hier genannten Fräser aus. Bei Veränderung von r_F ergibt sich wieder eine Parallelverschiebung des Fräsers (Bild 5.8), sodaß für den Bereich des Fräskopfes eine Kollisionskontrolle mit $r_{F,max}$ vollständig ausreicht. Aus einer Variation von r_K resultiert zusätzlich eine Verschiebung des Fräsers, sodaß für eine ausrei-

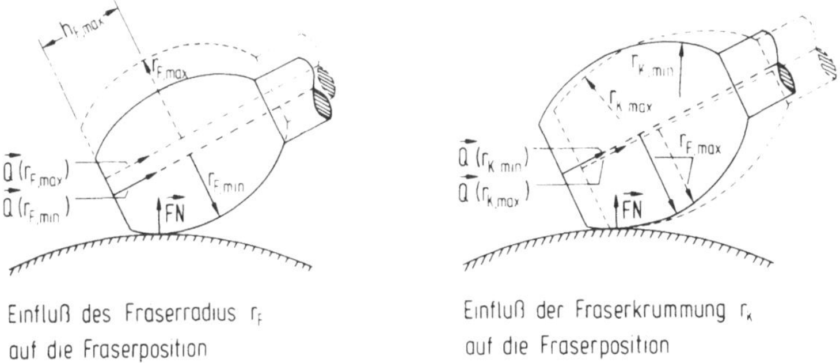

<u>Bild 5.8:</u> Einfluß von Fräserradius r_F und Fräserkrümmungsradius r_K auf die Position eines Faßfräsers

chende Kollisionskontrolle die beiden Werkzeugvolumenspuren für $r_{K,min}$ und $r_{K,max}$ - jeweils in Verbindung mit $r_{F,max}$ und $h_{F,max}$ - getrennt zu betrachten sind.

5.2.2 Fräsergeometriekorrektur in der NC

Die Tatsache, ob ein konventionelles oder modifiziertes Programmiersystem verwendet wird, besitzt wiederum keinen Einfluß auf die geschilderten, grundsätzlichen Lösungen.

Die Bearbeitung mit einem zylindrischen Gesenk- oder einem Kugelkopffräser entlang einer Schnittlinie Bearbeitungsfläche - Grenzfläche führt wegen der Verschiebung der Berührungspunkte zwischen dem Fräser und den Flächen zu einer aufwendigen Lösung. Da ihre mathematische Darstellung zu viel Platz in Anspruch nehmen würde, wird sie hier nur grundsätzlich und verbal erläutert.

Die Lösung erfolgt in einem transformierten Koordinatensystem, bei dem die x'-y'-Ebene mit der Normalprofilschnittebene und der Koordinatenursprung mit dem Mittelpunkt des Kreises mit dem Radius $r_{N,B}$ im Normalprofilschnitt übereinstimmen (Bild 5.9). Aufgrund der bereits erörterten, nur geringen Verschiebung der Berührungspunkte werden die beiden Flächenkrümmungen $r_{N,B}$ und $r_{N,G}$ im relevanten Bereich als konstant angenommen. Unter diesen Voraussetzungen kann die Position des Mittelpunkts des aktuellen Fräsers über den Schnittpunkt der Kreise mit den Radien $r_{N,B}+r_{F,akt}$ und $r_{N,G}+r_{F,akt}$ ermittelt werden. Davon ausgehend lassen sich die aktuellen Berührungspunkte und die Flächennormalen in diesen Punkten berechnen. Der Vektor zum Berührungspunkt auf der Bearbeitungsfläche und die zugehörige Flächennormale werden in das ursprüngliche Koordinatensystem zurücktransformiert und in die Formel für die Berechnung des Vektors $\vec{R}_S$ zur Fräserspitze nach Bild 5.1 eingesetzt. Abweichend von der Lösung in Bild 5.1 wird der Werkzeugachsrichtungsvektor $\vec{Q}$ nicht mit den aktuell gültigen Flächennormalen bestimmt, sondern grundsätzlich immer mit den Flächennormalen in den Berührpunkten für den Fräser mit $r_{F,min}$. Eine Berechnung von $\vec{Q}$ mit den aktuellen Flächennormalen würde zu zusätzlichen Kollisionsmöglichkeiten führen.

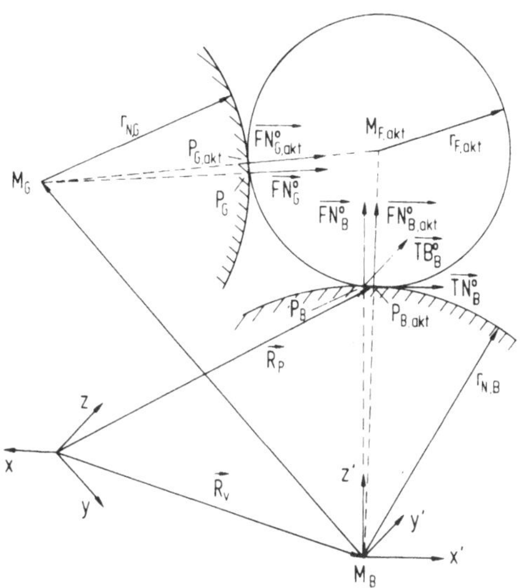

Bild 5.9: Position eines Kugelkopffräsers mit verändertem Radius bei Anschmiegung an Bearbeitungs- und Grenzfläche

Bei der Bearbeitung des bezüglich einer Kollisionsgefahr kritischen Grenzbereichs einer Bearbeitungsfläche mit einem zylindrischen Gesenk-, Kugelkopf-, Schaft- oder Faßfräser und mit einem Seitwärtswinkel τ werden für die Berechnung der Fräserspitzenpositionen die bereits in den Bildern 5.3 bis 5.5 angegebenen Lösungen eingesetzt. Bei der Fräsbahn, die der Grenzfläche am nächsten liegt, kann bei diesem Vorgehen eine optimierte Annäherung an die Grenzfläche für Fräserradien $r_{F,akt} < r_{F,max}$ nicht erreicht werden, sondern nur eine Annäherung im Rahmen der Differenz $r_{F,max}-r_{F,min}$. Da jedoch, wie bereits eingangs angesprochen, in der Praxis eine solche optimierte Annäherung ohnehin nicht üblich ist, kann die beschriebene Vorgehensweise gewählt werden.

Abhängig vom verfügbaren Programmiersystem kann sich wieder die notwendige Bearbeitungszeit erhöhen oder kann die Oberflächengüte abnehmen. Die dazu in den Abschnitten 4.3.3 und 4.3.4 erarbeiteten Aussagen lassen sich unverändert übernehmen.

6 Fräsergeometriekorrektur für das fünfachsige Fräsen von Regelflächen

Eine Regelfläche oder geradlinige Fläche entsteht durch die Bewegung einer Geraden im Raum /39/. Wird die Bewegung der Geraden diskretisiert, wie es bei der Fräsbahnbestimmung der Fall ist, erhält man sogenannte Regelstrahlen. Die Begrenzungslinien, die eine Regelfläche quer zu den Regelstrahlen begrenzen, werden Grund- und Scheitelleitlinien genannt /42/.

Eine abwickelbare Regelfläche kann ohne Dehnen und Stauchen auf eine Ebene abgewickelt werden und zeichnet sich weiterhin dadurch aus, daß alle Punkte eines Regelstrahls kollineare Flächennormalen und damit eine gemeinsame Tangentialebene besitzen. Eine verwundene Regelfläche läßt sich demgegenüber nicht auf eine Ebene abwickeln, und für die Punkte eines Regelstrahls ergeben sich unterschiedliche Tangentialebenen. Beide Arten von Regelflächen sind bei der fünfachsigen Fertigung zu finden.

6.1 Allgemeine Vorgehensweise bei der Bearbeitung von Regelflächen

Regelflächen werden vorzugsweise durch Umfangsfräsen mit einem Schaftfräser ohne Eckenradius oder einem Kegelfräser gefertigt. Der Kegelfräser verfügt über eine höhere Biegesteifigkeit als der Schaftfräser /42/ und kann ein günstigeres Verhalten hinsichtlich möglicher Kollisionen im Bereich des Werkzeugschaftes und der Werkzeughalterung aufweisen.

Die Fertigung einer abwickelbaren Regelfläche mit einem Schaftfräser ist über eine Fräserführung möglich, bei der die Fräserachse stets parallel zur erzeugenden Geraden der Regelfläche, d.h. parallel zu den Regelstrahlen, und um den Betrag des Fräserradius in Richtung der Flächennormalen versetzt geführt wird /42/. Für den Kegelfräser ist bei abwickelbaren Regelflächen eine Neigung der Fräserachse um den Winkel α, den

Winkel zwischen der Vertikalen und der Mantellinie des Fräsers, notwendig. Die Neigung wird in der Ebene vorgenommen, die durch den Regelstrahl und die Flächennormalen in den Punkten des Regelstrahls aufgespannt wird. Bei abwickelbaren Regelflächen ergibt sich unabhängig vom eingesetzten Fräsertyp eine optimale Oberflächengenauigkeit.

Das fünfachsige Umfangsfräsen verwundener Regelflächen führt aufgrund unvermeidlicher Unterschneidungen zu verhältnismäßig großen Abweichungen von der Sollgeometrie. In /42/ werden ausführlich für die auch hier berücksichtigten Fräsertypen die Abweichungen qualitativ und quantitativ diskutiert und eine optimale Anstellung des Fräsers bezüglich eines Regelstrahls hergeleitet, bei der die Abweichungen einen minimalen Wert annehmen, die Fräserachse aber nicht mehr parallel zum Regelstrahl liegt. Verbleibende Unterschneidungen können weitgehend durch ein individuelles Aufmaß in jedem Regelstrahl der Fläche ausgeglichen werden. Bei Schaftfräsern resultiert das Aufmaß aus der Differenz zwischen Fräserradius einerseits und dem kürzesten Abstand zwischen den windschiefen Geraden Regelstrahl und Fräserachse andererseits; die Differenz wird in Richtung des Verbindungsvektors angetragen, der den kürzesten Abstand kennzeichnet. Für Kegelfräser gestaltet sich die Aufmaßbestimmung wegen des nicht konstanten Fräserradius schwieriger. /42/ schlägt hier ein rechenzeitaufwendiges, iteratives Verfahren vor; ein alternatives Verfahren wird in Abschnitt 6.2.2 vorgestellt.

Der Kegelfräser erweist sich bei verwundenen Regelflächen wegen der größeren Geometrieabweichungen trotz der anfangs genannten, allgemeinen Vorteile als ungünstiger als der Schaftfräser.

Regelflächen können wieder an Grenzflächen stoßen. In diesen Fällen werden analog zu den oben genannten Fräsertypen der zylindrische und der kegelige Gesenkfräser eingesetzt (Bild 4.2); die Geometrie des kegeligen Gesenkfräsers wird durch den Fräserradius r_F, den Verrundungsradius r_V und den Winkel α

zwischen Vertikale und Mantellinie bestimmt, und es gilt die Beziehung:

$$r_V = \frac{r_F}{\cos\alpha + (\sin\alpha - 1)\tan\alpha}$$

Beide Frästertypen besitzen eine runde Stirn, um die an die Regelfläche grenzende Fläche nicht zu beschädigen, und haben mit der angrenzenden Fläche einen Berührungspunkt gemeinsam.

6.2 Lösungen für eine Fräsergeometriekorrektur

6.2.1 Anforderungen an ein modifiziertes Programmiersystem

Bei einem hinsichtlich der Fräsbahnberechnung und der Kollisionsbetrachtungen mofifizierten Programmiersystem wird die Fräsbahnbestimmung sinnvollerweise wiederum mit den Minimalwerten der Fräsergeometrieangaben vorgenommen. Die Anforderungen an die Kollisionsbetrachtungen in Abhängigkeit vom konkreten Bearbeitungsfall werden aus Bild 6.1 ersichtlich. Die Betrachtungen führen teils zu einer vollständigen, teils zu einer weitestgehenden Sicherstellung der Kollisionsfreiheit.

Bei der Bearbeitung einer Regelfläche mit einem Schaftfräser ist der Aufwand für die Kollisionsbetrachtung im Bereich des Fräskopfes mit der Berücksichtigung von $r_{F,max}$ nicht größer als bei einem konventionellem Programmiersystem. Der Aufwand verdoppelt sich bei einem Kegelfräser, da gleichermaßen der minimale und der maximale Winkel zwischen Vertikale und Mantellinie des Fräsers zu berücksichtigen ist.

Die Bearbeitung einer Regelfläche unter Berücksichtigung einer Grenzfläche erfordert für einen zylindrischen Gesenkfräser ebenfalls eine Verdoppelung des Aufwandes für die Kollisionsbetrachtung, da sowohl $r_{F,min}$ als auch $r_{F,max}$ betrachtet werden müssen. Er vervierfacht sich bei der Bearbeitung mit einem kegeligen Gesenkfräser, weil für sämtliche vier Kombinationen der Extremwerte von Fräserradius und Winkel zwischen Vertikale und Mantellinie des Fräsers eine Kollisionsbetrachtung notwendig ist.

Bearbeitungsfall	Durchzuführende Kollisionsbetrachtungen und berücksichtigte Fräsergeometriewerte	Grad der Kollisionsfreiheit
Bearbeitung mit einem Schaftfräser	a) $r_{F,max}$	vollständig
Bearbeitung mit einem Kegelfräser	a) $r_{F,max}$, α_{min} b) $r_{F,max}$, α_{max}	weitestgehend
Bearbeitung mit einem zylindrischen Gesenkfräser und unter Berücksichtigung einer Grenzfläche	a) $r_{F,min}$ b) $r_{F,max}$	weitestgehend
Bearbeitung mit einem kegeligen Gesenkfräser und unter Berücksichtigung einer Grenzfläche	a) $r_{F,min}$, α_{min} b) $r_{F,min}$, α_{max} c) $r_{F,max}$, α_{min} d) $r_{F,max}$, α_{max}	weitestgehend

Bild 6.1: Kollisionsbetrachtungen beim Fräsen von Regelflächen: zu berücksichtigende Fräsergeometriewerte und resultierender Grad der Kollisionsfreiheit

6.2.2 Fräsergeometriekorrektur in der NC

Die Lösungen für eine Fräsergeometriekorrektur bei der Bearbeitung von Regelflächen gliedern sich in zwei Gruppen.

In der ersten Gruppe sind analytische Lösungen für die Bearbeitung einer Regelfläche ohne Berücksichtigung einer Grenzfläche zusammengefaßt. Die Regelstrahlen der Regelfläche werden jeweils durch den Punkt P_{GL} auf der Grund- und P_{SL} der Scheitelleitlinie gekennzeichnet, wobei der erstgenannte Punkt mit dem untersten Fräsereingriffspunkt identisch ist. Die Flächennormalen in den Punkten P_{GL} und P_{SL} werden der Steuerung vorgegeben oder steuerungsintern berechnet. Auf der Basis dieser Informationen lassen sich für die Bearbeitung einer abwickelbaren Regelfläche mit Schaft- und Kegelfräser die Lösungen nach Bild 6.2, für die Bearbeitung verwundener Regelflächen die Lösungen nach Bild 6.3 und 6.4 herleiten.

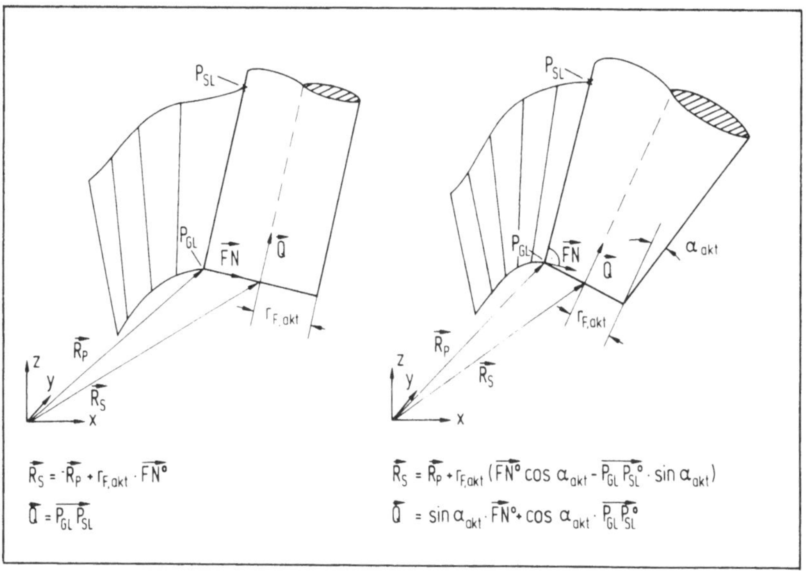

Bild 6.2: Fräsergeometriekorrektur bei der Bearbeitung einer abwickelbaren Regelfläche ohne Berücksichtigung einer Grenzfläche

Die Lösung für die Fertigung einer verwundenen Regelfläche mit einem Kegelfräser fällt insofern auf, als sie keine eigenständige Lösung darstellt, sondern auf der Lösung für den Schaftfräser aufbaut und erst im letzten von drei Lösungsschritten den Mantelsteigungswinkel des Kegelfräsers berücksichtigt. Damit erhält man eine einfachere und vor allem weniger rechenzeitaufwendige Lösung als in /42/. Der wesentliche Gedanke der neuen Lösung liegt darin, daß die Maßabweichungen bei beiden Frasertypen weitgehend gleich bleiben, wenn die Fräsermantellinie, die dem Regelstrahl am nächsten liegt, identisch ist.

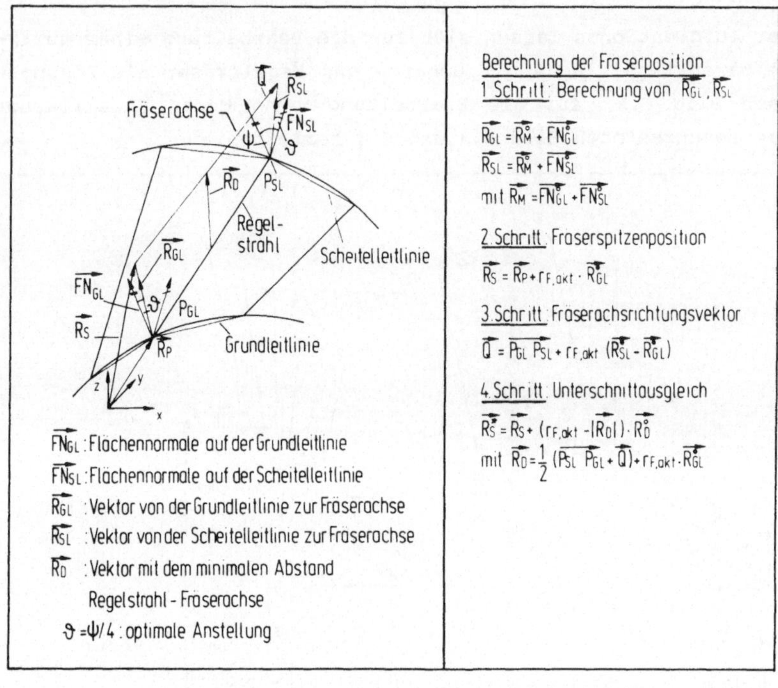

<u>Bild 6.3:</u> Frässergeometriekorrektur bei der Bearbeitung einer verwundenen Regelfläche mit einem Schaftfräser und ohne Berücksichtigung einer Grenzfläche

Die zweite Gruppe von Lösungen betrifft die Bearbeitung einer Regelfläche unter Berücksichtigung einer Grenzfläche. Bei diesem Bearbeitungsfall verschiebt sich für beide eingesetzte Fräsertypen - zylindrischer und kegeliger Gesenkfräser - der Berührungspunkt zwischen der runden Fräserstirn und der Grenzfläche in einer nicht ohne weiteres angebbaren Richtung. Im Unterschied zu der Lösung für die Bearbeitung mit einem zylindrischen Gesenk- oder Kugelkopffräser entlang einer Schnittlinie Bearbeitungsfläche - Grenzfläche führen daher vereinfachende Annahmen wie r_N = const. oder r_B = const. nicht zu einer Lösung, sondern es muß auf der Basis einer Flächenbeschreibung für die Grenzfläche eine exakte Berührpunktberechnung vorgenommen werden, bevor davon ausgehend die Position der Fräserspitze berechnet werden kann.

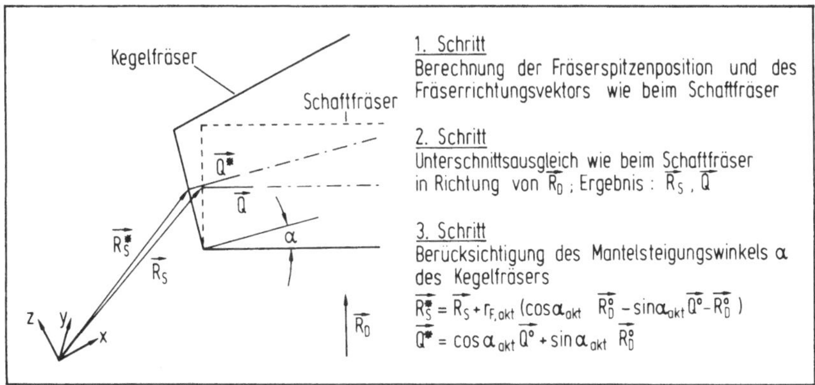

<u>Bild 6.4:</u> Fräsergeometriekorrektur bei der Bearbeitung einer verwundenen Regelfläche mit einem Kegelfräser und ohne Berücksichtigung einer Grenzfläche

Die Lösung für abwickelbare Regelflächen (Bild 6.5) geht davon aus, daß die Position des Mittelpunkts des Kugelsegments, das die Fräserstirn bildet, durch zwei Gleichungen beschrieben werden kann: die Gleichung $\overrightarrow{R_{1,akt}(t)}$ beschreibt diese Position vektoriell und ausgehend von der Regelfläche, der Vektor $\overrightarrow{R_{2,akt}(u,v)}$ beschreibt für den aktuellen Berührungspunkt auf der Grenzfläche die genannte Mittelpunktsposition. Aus /15/ ist ein vergleichbarer Lösungansatz für die Position der Fräserspitze bei einem zylindrischen Gesenkfräser bekannt. Die Unbekannten u, v und t des nichtlinearen Gleichungssystems

$$\overrightarrow{R_{1,akt}(t)} - \overrightarrow{R_{2,akt}(u,v)} = 0$$

können über das Newton'sche Näherungsverfahren /39/ berechnet werden. Mittels der daraus resultierenden Vektoren $\overrightarrow{R_{G,akt}}$ und $\overrightarrow{FN_{G,akt}}$ läßt sich die aktuelle Fräserspitzenposition ableiten.

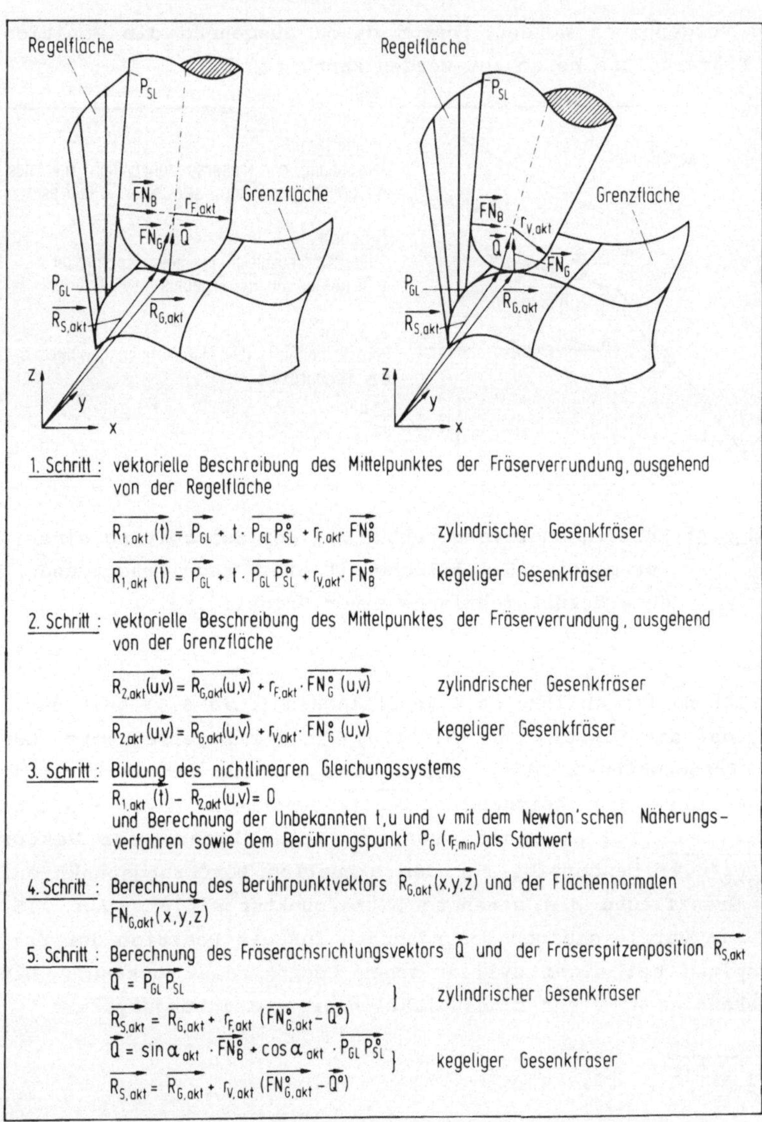

Bild 6.5: Fräsergeometriekorrektur bei der Bearbeitung einer abwickelbaren Regelfläche mit Berücksichtigung einer Grenzfläche

Die Vorgehensweise bei verwundenen Regelflächen mit Berücksichtigung einer Grenzfläche läßt sich aus einer Kombination der in diesem Abschnitt beschriebenen Lösungsansätze, wie sie insbesondere aus den Bildern 6.3, 6.4 und 6.5 hervorgehen, ableiten und soll hier nicht mehr vertieft werden.

Abhängig vom Polynomgrad der Flächenbeschreibung der Grenzfläche wird eine teils beträchtliche Rechenzeit benötigt, sodaß die Frässergeometriekorrektur bei der Bearbeitung einer Regelfläche unter Berücksichtigung einer Grenzfläche nur off line arbeiten kann. Ein entsprechender Bearbeitungsabschnitt wird erst dann intern und automatisch gestartet, wenn alle Berechnungen für diesen Abschnitt durchgeführt sind.

7 Dreiachsiges Fräsen beliebig gekrümmter Flächen

Beim dreiachsigen Fräsen ist die Werkzeugachse parallel zu einer Hauptachse, z.B. der z-Achse, ausgerichtet. Hauptsächlich kommen für die Bearbeitung beliebig gekrümmter Oberflächen der zylindrische Gesenk- und der Kugelkopffräser zur Anwendung. Andere Fräsertypen wie der Schaftfräser ohne und mit Eckenradius können nur bei konvexen Oberflächen eingesetzt werden, da sonst Kollisionen zwischen der Fräserstirn und der Solloberfläche auftreten. Weiterhin kommt bei solchen Fräsertypen erschwerend dazu, daß die Richtung des Vektors vom Eingriffspunkt zur Fräserspitze im Gegensatz zum fünfachsigen Fräsen nur von der Flächennormale im Eingriffspunkt abhängt und sich ständig ändern kann; die resultierende Fräsrille ist deshalb schwer zu beschreiben und zu berücksichtigen.

Unter Berücksichtigung der Lösungen für eine Fräsergeometriekorrektur beim fünfachsigen Fräsen lassen sich für das dreiachsige Fräsen bei Beachtung der Besonderheiten dieses Bearbeitungsverfahrens vergleichbare Lösungen herleiten. Für die Berechnung der Fräserspitzenposition in Abhängigkeit von der aktuellen Fräsergeometrie gelten dann die Lösungen nach Bild 7.1. Sie können bei Bedarf für andere, in Bild 7.1 nicht aufgeführte Fräsertypen erweitert werden, soweit dies trotz der erwähnten Einschränkungen gewünscht wird.

Die Aussagen in Kapitel 4 hinsichtlich sinnvoller Modifikationen im Programmiersystem und hinsichtlich der veränderten Bearbeitungszeit und Oberflächengüte können übernommen werden.

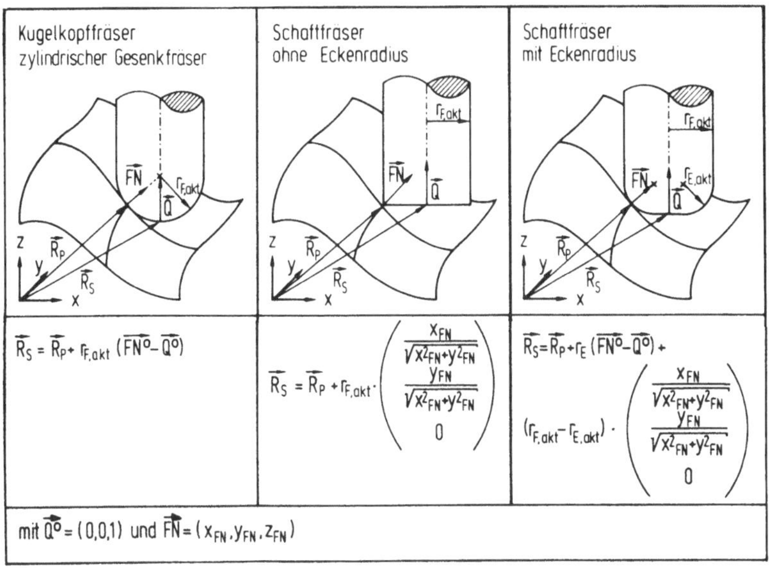

Bild 7.1: Frasergeometriekorrektur beim dreiachsigen Fräsen gekrümmter Oberflächen am Beispiel einer ausgewählten Fräserorientierung

8 Schruppbearbeitung mit Berücksichtigung eines Offsets

Vor der Schlichtbearbeitung mittels fünfachsigen Fräsens sind oft ein oder mehrere Schruppzyklen notwendig, für die fallweise das $2^1/_2$achsige, das dreiachsige oder das fünfachsige Fräsen zur Anwendung kommen. Die Anzahl der Schruppzyklen hängt u.a. von der Formabweichung zwischen Rohteil- und Fertigteilgeometrie ab. Da diese in der Praxis größer ausfallen kann, als in der Arbeitsvorbereitung vorgesehen, wird sinnvollerweise gefordert, in der Werkstatt direkt an der Steuerung zusätzliche Schruppzyklen einfügen zu können, die sich durch einen Offset gegenüber der ursprünglich vorgesehenen Schruppbearbeitung auszeichnen.

Für das $2^1/_2$achsige Fräsen sind hierzu bereits mehrere Möglichkeiten bekannt. In Richtung der Fräserachse kann durch Programmieren eines Offsets oder durch Veränderung der Fräserlängenangabe und damit über die Werkzeuglängenkorrektur eine Verschiebung der Bearbeitungsebene erfolgen. In der Bearbeitungsebene selbst kann ein Offset bei angewählter Werkzeugradiuskorrektur, wie sie in Kapitel 3 beschrieben ist, durch die Angabe eines Fräserradius, der gegenüber dem tatsächlichen Fräserradius um den gewünschten Offset vergrößert wird, erzielt werden. Wird nun ein Schruppvorgang in einem Unterprogramm definiert, können durch wiederholten Aufruf des Unterprogramms mit vorheriger Vereinbarung über die jeweilige Art des Offsets zusätzliche Schruppzyklen eingefügt werden. Fest vorgegebene Unterprogramme (Zyklen), die u.a. auch für die Fräsbearbeitung zur Verfügung stehen, erleichtern die Programmierung oder Programmänderung in der Werkstatt.

Beim drei- und fünfachsigen Fräsen sind von der Programmiersystemebene her zwei grundsätzliche Vorgehensweisen bekannt. Die erste Vorgehensweise besteht darin, zunächst neue, zusätzliche Flächen mit den gewünschten Offsets zu berechnen und in einem zweiten Schritt für die neu definierten Offset-Flächen eine neue Fräsbahndefinition vorzunehmen. Diese Vorgehensweise bildet eine allgemeine Lösung, ist aber mit erheblichem Rechenzeitaufwand verbunden und benötigt zusätzlich zeitintensive Eingriffe des Bedieners. Die zweite Vorgehensweise sieht als Basis für zusätzliche Schruppzyklen einen Offset für die ursprünglich berechneten Fräsbahnpunkte vor. Die zweite Vorgehensweise kommt im Gegensatz zur ersten nur für entsprechend geeignete Werkstückgeometrien in Betracht; Probleme infolge möglicher Kollisionen können auftreten, wenn stark konvexe Bearbeitungsflächen vorliegen oder andere Bearbeitungsflächen bzw. allgemein Grenzflächen bei der Fräserführung berücksichtigt werden müssen. Weiterhin wird je nach Offset die zunächst für die Schruppbearbeitung vorgesehene Bearbeitungsgenauigkeit nicht eingehalten; dies darf jedoch in der Regel gerade bei der Schruppbearbeitung vernachlässigt werden. Trotz der genannten Einschränkungen bietet die zweite Vorgehensweise eine Reihe von Anwendungsmöglichkeiten und zeichnet sich durch geringen Aufwand in Handhabung und Realisierung aus.

In Verbindung mit der On-line-Fräsergeometriekorrektur für das drei- und fünfachsige Fräsen kann die Vorgabe eines Offsets und die damit verbundene Programmierung zusätzlicher Schruppzyklen in der NC realisiert werden. Aus der Praxis sollen drei Möglichkeiten eines Offsets genannt werden (Bild 8.1).

Im ersten Fall findet eine Verschiebung der Fräsbahnpunkte um einen definierten Betrag X in Richtung der zugehörigen Flächennormalen statt. Bei der zweiten Lösung wird die Verschiebung der Fräsbahnpunkte ebenfalls um einen Betrag X, aber in Richtung eines vorgegebenen Richtungsvektors (I,J,K) vorgenommen. Die dritte Möglichkeit geht von der Definition einer Ebene über einen Normalenvektor (I,J,K) aus; die Projektion der Flächennormale in einem Fräsbahnpunkt auf diese Ebene gibt die Richtung des Offset-Vektors für den Fräsbahnpunkt an. Die Auswahl einer dieser Möglichkeiten hängt von der aktuellen Werkstückgeometrie und der vorgesehenen Fräserführung ab. Eine Kombination verschiedener Offsets ist möglich und gebräuchlich.

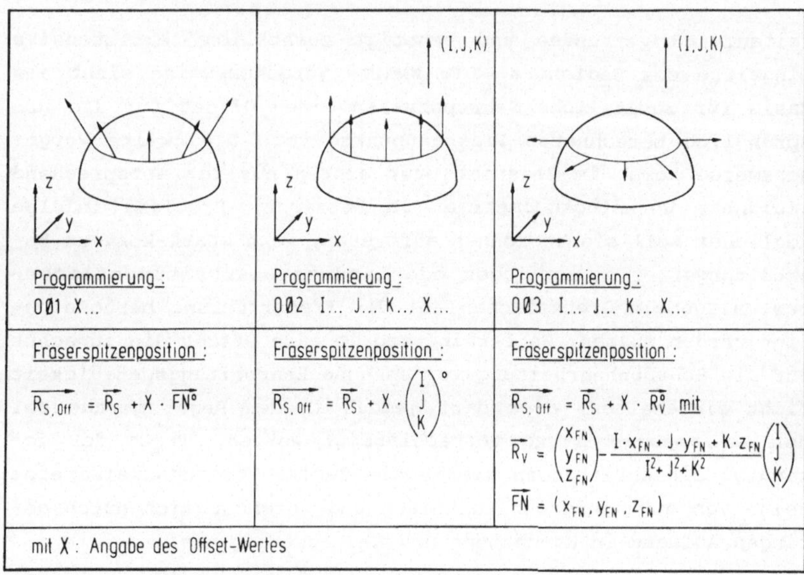

Bild 8.1: Möglichkeiten der Offsetbildung beim drei- und fünfachsigen Fräsen

```
% 10   (NC-Programm 10)
N 10   (Schruppbearbeitung 1. Fläche mit Unterprogramm 100)
N 20   0 01  X3  L 100
N 30   0 01  X1.5 L 100
N 40   L 100
N 50   (Schruppbearbeitung 2. Fläche mit Unterprogramm 200)
N 60   0 02 X4 I0 J0 K1 0 03 X4 I0 J0 K1 L 200
N 70   (Schlichtbearbeitung 1. Fläche mit Unterprogramm 300)
N 80   L 300
N 90   (Schlichtbearbeitung 2. Fläche mit Unterprogramm 400)
N 100  L 400
N 110  (Weitere Bearbeitungsschritte)
N 120  ...
```

Bild 8.2: Beispiel eines NC-Programms mit Mehrfachaufruf von Schrupp-Unterprogrammen unter Berücksichtigung von Offsets

Bild 8.2 zeigt ein Beispiel für ein NC-Programm, das die genannten Möglichkeiten ausnützt. Sowohl die Schrupp- wie die Schlichtzyklen für die einzelnen Bearbeitungsflächen sind jeweils in einem eigenen NC-Unterprogramm definiert. Beide Unterprogramme für die Schruppbearbeitung werden unter Vorgabe unterschiedlicher Offsets oder Offset-Kombinationen wiederholt aufgerufen; die Kombination verschiedener Offsets kann dabei auch dazu führen, daß Adreßbuchstaben innerhalb eines NC-Satzes mehrfach vorkommen. Die gezeigte Lösung eines NC-Programms eignet sich sowohl für eine entsprechende, direkte Vorgabe vom Programmiersystem wie auch für eine Programmänderung direkt an der Steuerung.

9 Verwendung einer Geometrieschnittstelle

NC-Programme nach DIN 66025 für heutige Steuerungen mit integrierter Rückwärtstransformation können bereits einen beträchtlichen Umfang besitzen. Die in dieser Arbeit vorgestellten Lösungen für eine On-line-Fräsergeometriekorrektur für das fünf- und dreiachsige Fräsen von beliebig gekrümmten Flächen benötigen zu den Fräsbahnpunkten zusätzliche, bisher nicht verfügbare Informationen wie z.B. die Flächennormale in einem Fräsbahnpunkt oder den zugehörigen Flächenkrümmungsradius im Normalprofilschnitt. Gegenüber der bisher üblichen Programmierung mit Angabe der Fräserspitzenposition und der Fräserachsrichtung steigt die Anzahl der notwendigen Daten bei einer einfachen Erweiterung der Programmierung nach DIN 66025 daher beträchtlich an. Die Verwendung einer Geometrieschnittstelle, auch als Modellschnittstelle bezeichnet, als Ergänzung zum NC-Programm stellt daher eine Alternative dar, bei der Bearbeitung einer Regelfläche unter Berücksichtigung einer Grenzfläche sogar eine Notwendigkeit.

Geometrieschnittstellen für die Kommunikation zwischen verschiedenen rechnergestützten Systemen wie CAD, CAP, CAM und PPS finden zunehmend Verbreitung. Es ist im einzelnen zu betrachten, welche der bekannten Geometrieschnittstellen sich aus heutiger Sicht grundsätzlich anbietet, wie die für die Frasergeometriekorrektur benötigten Informationen aus ihr gewonnen werden können und ob damit eine Reduktion des NC-Datenumfangs erzielt wird. Allgemein zeichnet sich ab, daß für zukünftige numerische Steuerungen insbesondere für das fünfachsige Fräsen aus verschiedenen Gründen eine Geometrieschnittstelle sinnvoll ist:

- Mit zunehmender Leistungssteigerung der numerischen Steuerungen ist die Übernahme weiterer Funktionen aus dem Bereich des Programmiersystems und damit die Notwendigkeit einer Geometrieschnittstelle zu erwarten, sodaß sie ohnehin zur Verfügung steht.

- Eine in die Steuerung integrierte grafikunterstützte Simulation von Fertigungsvorgängen kann direkt mit der Geometriebeschreibung des Roh- und Fertigteils versorgt werden; somit können aufwendigere Verfahren zur Geometrieeingabe (Editieren, Vermessen) entfallen.
- Der Vorteil der direkten Versorgung mit einer Geometriebeschreibung gilt in gleicher Weise für eine in die Steuerung integrierte rechnerische Kollisionskontrolle.

Die allgemeine Zweckmäßigkeit einer Geometrieschnittstelle führt zu dem Schluß, daß sie zukünftig trotz des dafür erforderlichen Speicherplatzes in der NC eingeführt wird. Ausreichender Speicherplatz steht aber bereits heute bei weiterhin fallenden Kosten für Speicherbausteine und Festplattenlaufwerke kostengünstig zu Verfügung. Für die NC-Programme selbst wird damit eine Reduktion des Datenumfangs ermöglicht.

In diesem Kapitel soll im weiteren in Verbindung mit der ausgewählten Geometrieschnittstelle die Möglichkeit berücksichtigt werden, Fräsbahnen als Kurven auf Flächen zu definieren und damit eine weitere Reduktion des Datenumfangs innerhalb der NC-Programme zu bewirken. Diese Möglichkeit kann allerdings nur dann zur Anwendung kommen, wenn beim fünfachsigen Fräsen der Voreilwinkel und der Seitwärtswinkel konstant sind oder wenn dreiachsig gefräst wird.

9.1 Geometrieschnittstellen

Eine Schnittstelle ist nach /19/ ein System von Bedingungen, Regeln und Vereinbarungen, das den Informationsaustausch zweier miteinander kommunizierender Systeme oder Systemkomponenten festlegt. Bei Schnittstellen für den Geometrie- bzw. Modellaustausch kann zwischen systemspezifischen Lösungen, die nur eine Punkt-zu-Punkt-Verbindung zulassen, und systemneutralen Lösungen, die auch eine Sternkopplung zulassen, unterschieden werden /43/. Systemneutrale Lösungen sind wegen ihrer größeren Flexibilität vorzuziehen.

Mit dem Austausch von Produktmodellen zwischen rechnergestützten Systemen über eine geeignete Schnittstelle werden folgende Vorteile angestrebt:

- Verhindern von Mehrfacheingaben in den verschiedenen Systemen, damit verbunden geringere Fehlermöglichkeiten,
- Zugriff auf aktualisierte Daten anderer Systeme,
- Übernahmemöglichkeit von Daten für Norm- und Zukaufteile,
- geringere Durchlaufzeit von der Konstruktion bis zur Fertigung und
- Erhöhung der Wirtschaftlichkeit.

Die Kommunikationsmöglichkeiten zwischen "sendendem" und "empfangendem" System hängen entscheidend von der Leistungsfähigkeit des Produktmodells ab. Es steht heute eine Reihe von Schnittstellenspezifikationen zur Verfügung, die teilweise national genormt sind (Bild 9.1). Mittelfristiges Ziel ist die Vereinbarung einer international gültigen Norm mit der Bezeichnung STEP.

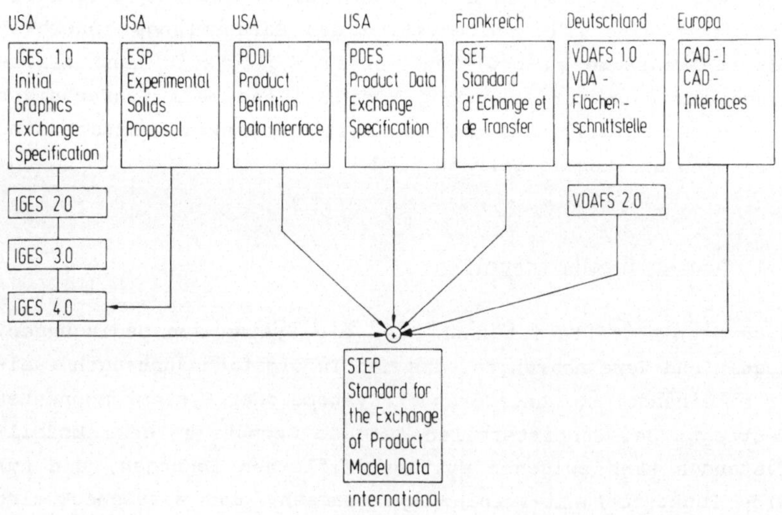

Bild 9.1: Entwicklungen für den Austausch von Produktmodellen

9.1.1 IGES-Schnittstelle

Die IGES-Schnittstelle (Initial Graphics Exchange Specification) wurde ab 1979 in den USA für den Datenaustausch zwischen CAD- und CAM-Systemen entwickelt /44/ und in der Version 1.0 im Jahr 1981 als nationale Norm /45/ verabschiedet. Weitere Entwicklungen führten 1983 zu der weitestgehend aufwärtskompatiblen Version 2.0 /46/. Anfang 1986 ist die IGES-Version 3.0 /18/ erschienen und hat, unterstützt durch ergänzende Implementierungsrichtlinien /47/, einige der in den vorhergehenden Versionen vorhandenen Probleme verringert bzw. beseitigt /43/.

Der Geometrieaustausch erfolgt über die sog. IGES-Datei; für die IGES-Datei wird eine sequentielle Datei mit 80 Zeichen/Datensatz (Lochkartenformat) und ASCII-Zeichensatz verwendet, sodaß wegen der Benutzung des ASCII-Zeichensatzes die Lesbarkeit der Datei durch den Anwender gesichert ist. Das "sendende" rechnergestützte System paßt über einen IGES-Preprocessor seine spezifischen Geometriedaten an die systemneutrale Geometrieschnittstelle an, das "empfangende" rechnergestützte System wandelt die systemneutralen Daten mittels eines IGES-Postprocessors wiederum in seine spezifischen Geometriedaten um (Bild 9.2). Eine vergleichbare Vorgehensweise ist auch bei den in den folgenden Abschnitten beschriebenen Schnittstellen

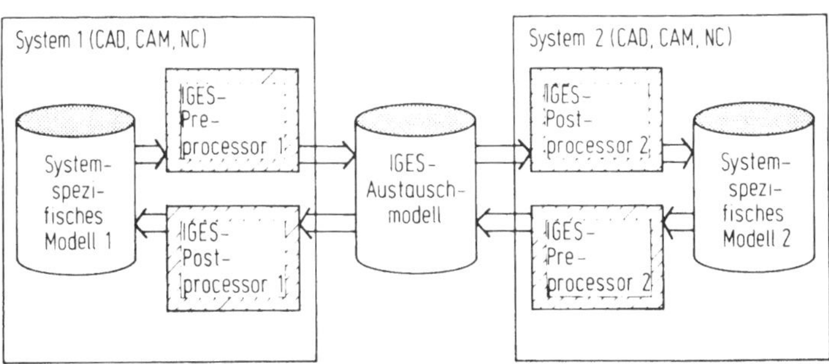

Bild 9.2: Geometrieaustausch zwischen rechnergestützten Systemen über die IGES-Schnittstelle

möglich. Es wird noch einmal darauf hingewiesen, daß die hier genannten Pre- und Postprocessoren eine andere Aufgabe als der NC-Pre- und NC-Postprocessor haben.

IGES verfügt über verschiedene Arten von sogenannten Elementen (entities). Die geometrischen Elemente beinhalten u.a. Punkte, Linien, Kreise, Kegel, Ebenen, parametrisierte Kurven und Flächen sowie rationale B-Spline-Kurven und -Flächen. IGES erlaubt damit das Übertragen einfacher Kanten- und Flächenmodelle sowie technischer Zeichnungen.

Eine neue Version, die Version 4.0, ist bereits angekündigt. Durch Berücksichtigung der Schnittstellenspezifikation ESP (Experimental Solids Proposal) soll das Übertragen von Volumenmodellen ermöglicht werden /43/. Weiterhin wird durch spezielle, nichtgeometrische Elemente eine stärkere Berücksichtigung der Bereiche Fertigung und Architektur angestrebt.

IGES hat heute internationale Verbreitung gefunden.

9.1.2 VDA-Flächenschnittstelle

Die VDAFS (VDA-Flächenschnittstelle) wurde von einem CAD/CAM-Arbeitskreis im Verband der Automobilindustrie (VDA) in Zusammenarbeit mit dem Verband Deutscher Maschinen- und Anlagenbau (VDMA) mit Beginn im Jahr 1982 erarbeitet und erstmals 1983 vorgestellt /48/. Der seit 1985 vorliegende Normentwurf DIN 66301 /16/ schafft die Grundlage für einen Datenaustausch zwischen verschiedenen rechnergestützten Entwurfs- und Fertigungssystemen und berücksichtigt vor allem den Bereich der Freiformflächen. Seit 1986 existiert die VDA-Flächenschnittstelle Version 2.0 /17/ mit einigen zusätzlichen geometrischen und nicht geometrischen Elementen. Zukünftige Arbeiten zielen u.a. auf den Austausch von Zeichnungsinhalten und den Austausch von Bauteilgeometrien mit Hilfe dreidimensionaler Modelle ab /49/.

Die VDAFS Version 1.0 und damit die Norm beschränken sich auf verhältnismäßig wenig Geometrieelemente: Punkt, Punktfolge, Punktfolge mit zugeordneten Richtungsvektoren sowie Polynomkurven und -flächen beliebiger Ordnung. Die weiteren, nicht geometrischen Elemente betreffen die Anfangskennung der Datei, Kommentar, Strukturierung und die Endekennung der Datei. Bei der Version 2.0 kommen neben einigen nicht geometrischen Elementen als zusätzliche geometrische Elemente die Kurve auf einer Fläche, die begrenzte Fläche und der Flächenverband dazu; letzterer erlaubt bereits den Aufbau eines Flächenmodells. Auf den Austausch zeichnungsorientierter Daten wird bisher verzichtet. Die Datei besteht wie bei IGES aus Datensätzen mit konstant 80 ASCII-Zeichen.

Der einfache Aufbau der VDAFS-Datei und die beschränkte Anzahl an Elementen ermöglichen eine verhältnismäßig schnelle Realisierung einer VDAFS-Schnittstelle. Ein wesentlicher Vorteil der VDAFS lag anfangs auch darin, daß sie nicht wie IGES Version 1.0 nur Kurven und Flächen bis zur dritten Ordnung erlaubt. Die VDAFS hat heute insbesondere in der Bundesrepublik Deutschland eine hohe Akzeptanz erreicht, da sie als sinnvolle Lösung bis zur Durchsetzung einer internationalen Norm gilt und die deutsche Automobilindustrie und die Zulieferindustrie die Anwendung dieser Schnittstelle unterstützen.

9.1.3 SET-Schnittstelle

Die SET-Schnittstelle (Standard d' Echange et de Transfer) /50/ wurde 1984 in Frankreich vorgestellt und liegt mittlerweile als nationaler, französischer Normentwurf Z68-300 vor. Sie ist auf den Bereich der mechanischen Konstruktion zugeschnitten.

SET sieht die Speicherung aller in den verschiedenen CAD-Systemen vorhandenen Modelldaten in einer generalisierten Datenbank vor. Hiermit in Verbindung stehen speicher- und laufzeitoptimierte Daten- und Dateiformate sowie die Erweiterbarkeit der Schnittstelle. Die Dateien bei SET sind sequentiell und besitzen eine variable Satzlänge, um eine kompakte und effiziente Modellspeicherung zu ermöglichen. Geometrieangaben und Angaben über die Art der grafischen Darstellung sind klar voneinander getrennt.

Die SET-Schnittstelle hat vor allem Eingang in den europäischen Flugzeugbau gefunden und wird mit Erfolg eingesetzt /43/. Weiterentwicklungen sind zu erwarten.

9.1.4 PDDI, PDES und CAD-I

Die Bedeutung der amerikanischen Schnittstellendefinitionen PDDI (Product Definition Data Interface) für die Bereiche Konstruktion und Fertigung sowie PDES (Product Data Exchange Specification) für die Bereiche Zeichnungen, mechanische Konstruktion, Elektrotechnik und Architektur liegt nicht so sehr in der Anwendung dieser Schnittstellen wie vielmehr in ihren Auswirkungen auf die laufenden Normungsbemühungen /43/. In ähnlicher Weise soll das ESPRIT-Projekt 322 "CAD Interfaces" (CAD-I) auf europäischer Ebene Wissen und Erfahrungen zusammentragen, den Einsatz von CAD-/CAM-Systemen beschleunigen und die internationalen Standardisierungsarbeiten beeinflussen /51,52,53/.

9.1.5 STEP-Schnittstelle

Die STEP-Schnittstelle (Standard for the Exchange of Product Model Data) wird in internationalem Rahmen unter Einbezug der nationalen Erfahrungen entwickelt, um eine einheitliche, leistungsfähige Lösung für alle Problembereiche zu schaffen. Eine Ablösung der bisherigen nationalen Standards durch STEP erscheint denkbar. STEP soll Ende 1988 als internationaler Standard veröffentlicht werden, sodaß vor 1989 vermutlich keine Anwendungen zu erwarten sind.

9.2 Auswahl einer Schnittstellenspezifikation

Ein Vergleich hinsichtlich des Elementumfangs und der Leistungsmerkmale der Schnittstellen wurde u.a. in /43/ durchgeführt und soll hier nicht wiederholt werden. Praktische Anwendung finden heute vor allem IGES, VDAFS und SET. Wegen ihrer unterschiedlichen Vor- und Nachteile werden sie teilweise auch gleichzeitig eingesetzt. Die Auswahl einer bestimmten Schnittstelle hängt vom konkreten Anwendungsfall und der vorhandenen Schnittstellenunterstützung ab.

In der vorliegenden Arbeit werden die weiteren Betrachtungen beispielhaft auf der Basis der VDAFS durchgeführt. Die - zum Teil schon genannten - Gründe lauten im einzelnen:

- Die VDAFS besitzt vor allem in der Bundesrepublik Deutschland wegen ihrer Verwendung bei der deutschen Automobilindustrie und den Zulieferern eine hohe Akzeptanz. Der Einsatz einer allgemein gültigen, internationalen Norm ist nicht vor 1989 zu erwarten.
- Die VDAFS verfügt über alle benötigten geometrischen Elemente. Die bei IGES und SET verstärkt berücksichtigten zeichnungsorientierten Elemente sind hier nicht relevant.
- Die VDAFS-Spezifikation ist eindeutig. Eine Realisierung der Schnittstelle ist vergleichsweise einfach.
- Das am ISW entwickelte und eingesetzte Programmiersystem ISWAX5, das auch die neue NC-Schnittstelle versorgen soll, benutzt als Eingangsschnittstelle u.a. ebenfalls die VDA-Flächenschnittstelle.
- Die VDAFS wird bereits auch bei einer anderen numerischen Steuerung, dort jedoch für das dreiachsige Fräsen, eingesetzt /54/.

Die Verwendung einer anderen Schnittstelle wie z.B. IGES oder in Zukunft STEP ist dessen ungeachtet durch eine entsprechende Anpassung an der NC-Eingangsschnittstelle möglich. Bei Verwendung von Polynomgleichungen für die Flächen- und Kurvenbeschreibungen fällt der Anpassungsaufwand gering aus.

9.3 Anwendung der VDA-Flächenschnittstelle

Von den im Abschnitt 9.1.2 aufgeführten Möglichkeiten der VDA-Flächenschnittstelle ist für die gewünschte Anwendung zunächst die Möglichkeit der Flächenbeschreibung von Bedeutung. Weiterhin können, wie bereits ausgeführt, bei konstantem Voreilwinkel und konstantem Seitwärtswinkel sowie beim dreiachsigen Fräsen die Fräsbahnen auch als Kurven auf einer Fläche beschrieben werden.

9.3.1 VDAFS-Flächen- und Kurvenbeschreibung

Bei der VDAFS-Flächenbeschreibung kann eine Fläche aus mehreren Flächenelementen bestehen. Der Gesamtfläche werden die globalen Parameter s und t zugeordnet, während für die einzelnen Flächenelemente die lokalen Parameter u und v mit einem Wertebereich $0 \leq u \leq 1$ bzw. $0 \leq v \leq 1$ definiert sind. Die Werte für die lokalen Parameter lassen sich aus den globalen Parameterwerten bestimmen. Die Art der Flächendarstellung und der Berechnung eines Flächenpunktes $P_i(x,y,z)$ läßt sich im weiteren aus Bild 9.3 ersehen. Hinsichtlich der Reihenfolge der Beschreibung der Flächenelemente gilt, daß zunächst alle Elemente entlang der Parameterlinie $t = 0$ mit wachsendem Parameter s, danach in gleicher Weise die nächsten Flächenzeilen, die sich mit wachsendem Parameter t anschließen, berücksichtigt werden.

Die Beschreibung einer Kurve auf einer Fläche nach VDAFS Version 2.0 erfolgt in zwei Schritten. Im ersten Schritt wird die Raumkurve unabhängig von der betroffenen Fläche als Element CURVE beschrieben (Bild 9.4). Die Beziehung von Kurve und zugehöriger Fläche wird in einem zweiten Schritt über ein Element CONS hergestellt (Bild 9.5). Ordnet man der Fläche die globalen Parameter s_F und t_F und der Kurve den globalen Parameter s_K zu, lassen sich über diese Beziehung s_F und t_F als Funktion von s_K bestimmen.

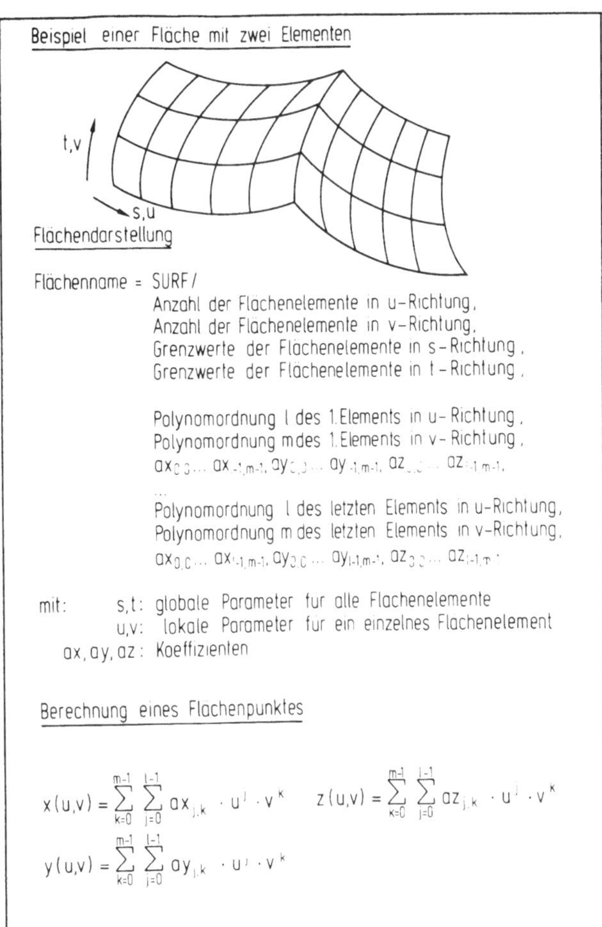

Bild 9.3: Flächendarstellung und Berechnung von Flächenpunkten bei der VDA-Flächenschnittstelle

9.3.2 Auswertung der VDAFS-Flächenbeschreibung

Die Auswertung der VDAFS-Flächenbeschreibung soll zu folgenden Informationen bezüglich eines Fräsbahnpunktes $P_i(s_i,t_i)$ führen:

- Flächenpunkt $P(x_i, y_i, z_i)$,
- Flächennormale $\overrightarrow{FN^o}$,
- Bahntangente $\overrightarrow{TB^o}$,
- Flächentangente $\overrightarrow{TN^o}$ normal zur Bahnrichtung,
- Flächenkrümmungsradius r_B in Bahnrichtung und
- Flächenkrümmungsradius r_N normal zur Bahnrichtung.

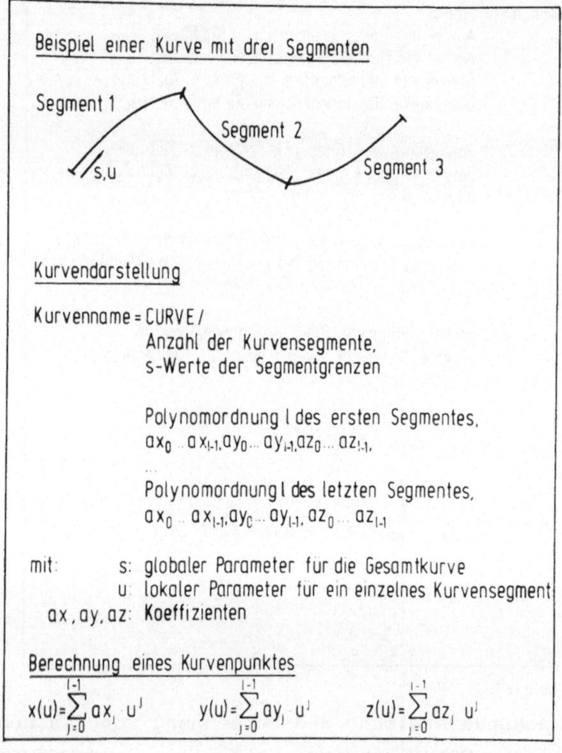

<u>Bild 9.4:</u> Kurvendarstellung und Berechnung von Kurvenpunkten bei der VDA-Flächenschnittstelle

Den **Punkt** $\mathbf{P_i(x_i, y_i, z_i)}$ erhält man bei Vorgabe der globalen Parameter s_i und t_i über den Zwischenschritt der Berechnung der lokalen Parameter u_i und v_i mittels der Polynomgleichungen nach Bild 9.3. In einem weiteren Schritt wird zunächst die

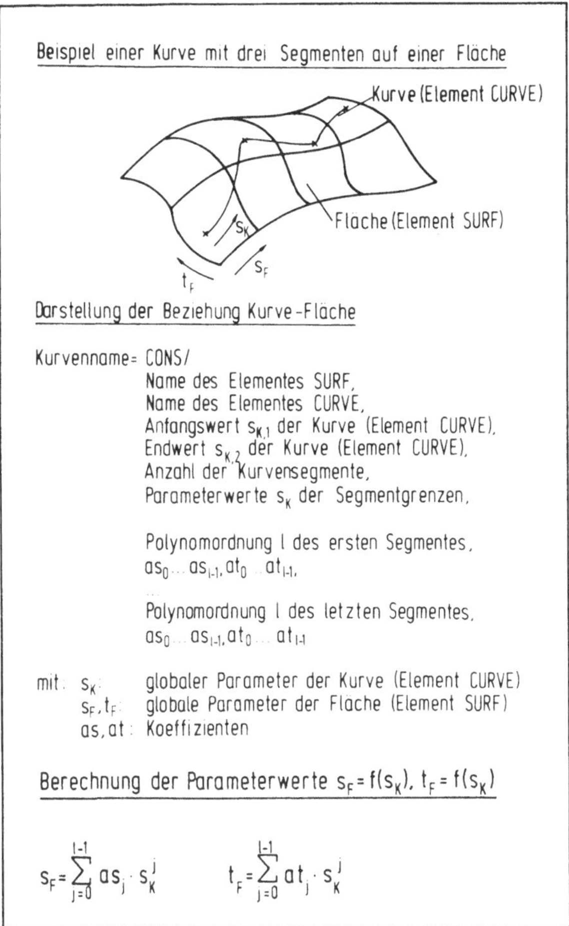

Bild 9.5: Beziehung zwischen Kurven- und Flächenbeschreibung bei der VDA-Flächenschnittstelle

Flächennormale $\overrightarrow{FN^0}$ in dem gegebenen Flächenpunkt betrachtet. Dazu werden, ausgehend von den sich im Punkt $P_i(u_i,v_i)$ schneidenden Parameterlinien $f(u,v_i)$ und $g(u_i,v)$, durch Differentiation die Tangenten $\overrightarrow{T_u}$ in u-Richtung und $\overrightarrow{T_v}$ in v-Richtung bestimmt (Bild 9.6). Für den normierten Normalenvektor $\overrightarrow{FN^0}$ folgt nun aus dem Vektorprodukt der Tangentenvektoren:

$$\overrightarrow{FN^{O}} = \frac{\overrightarrow{FN}}{|\overrightarrow{FN}|} \quad \text{mit} \quad \overrightarrow{FN} = \overrightarrow{T_u} \times \overrightarrow{T_v}$$

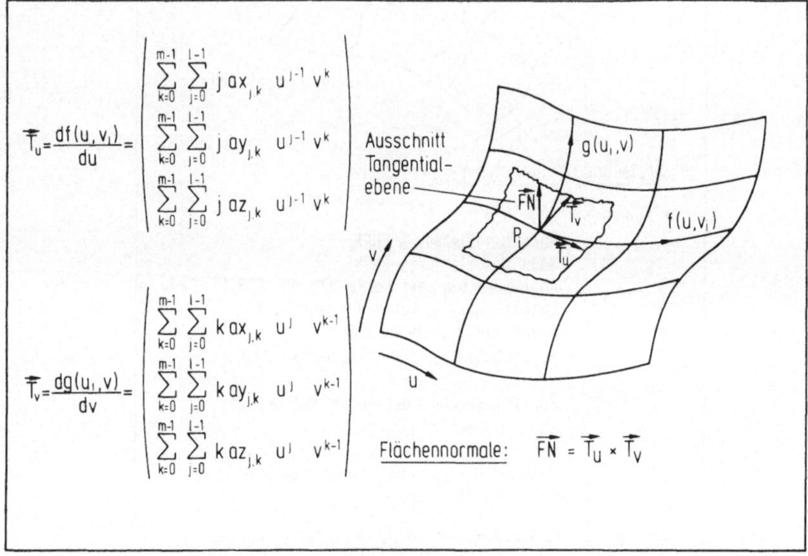

Bild 9.6: Berechnung der Flächennormalen $\overrightarrow{FN}$ bei einer Flächendarstellung nach VDAFS

Die Bestimmung der normierten **Flächentangenten $\overrightarrow{TB^{O}}$ und $\overrightarrow{TN^{O}}$** gestaltet sich im Regelfall, wenn die Fräsbahn nicht als Polynomkurve vorliegt und die Flächentangenten daher nicht durch Differentiation gewonnen werden können, sondern die Fräsbahn durch diskrete Flächen- bzw. Eingriffspunkte definiert ist, schwierig. Es läßt sich jedoch die Ebene, in der die Fräsbahn liegt, bestimmen und über ihren Normalenvektor $\overrightarrow{FN^{*}}$ beschreiben (Bild 9.7). Im Normalfall wird diese Ebene durch den aktuellen Eingriffspunkt P_i und seine Nachbarpunkte P_{i-1} und P_{i+1} festgelegt, jedoch müssen auch Sonderfälle am Flächenrand und der Sonderfall, daß alle drei Punkte auf einer Geraden liegen, berücksichtigt werden. Über das Vektorprodukt der Vektoren $\overrightarrow{FN}$ und $\overrightarrow{FN^{*}}$ läßt sich dann die Bahntangente $\overrightarrow{TB}$, über das Vektorprodukt der Vektoren $\overrightarrow{FN}$ und $\overrightarrow{TB}$ die Tangente $\overrightarrow{TN}$ bestimmen. Zu dieser Lösung ist zu bemerken, daß die Flächennormale $\overrightarrow{FN}$ in der Regel nicht in der durch die Flächennormale $\overrightarrow{FN}^*$ beschriebenen Ebene liegt. Für die normierten Flächentangenten gilt schließlich:

$$\overrightarrow{TB}^{o} = \frac{\overrightarrow{TB}}{|\overrightarrow{TB}|} \quad \text{und} \quad \overrightarrow{TN}^{o} = \frac{\overrightarrow{TN}}{|\overrightarrow{TN}|}$$

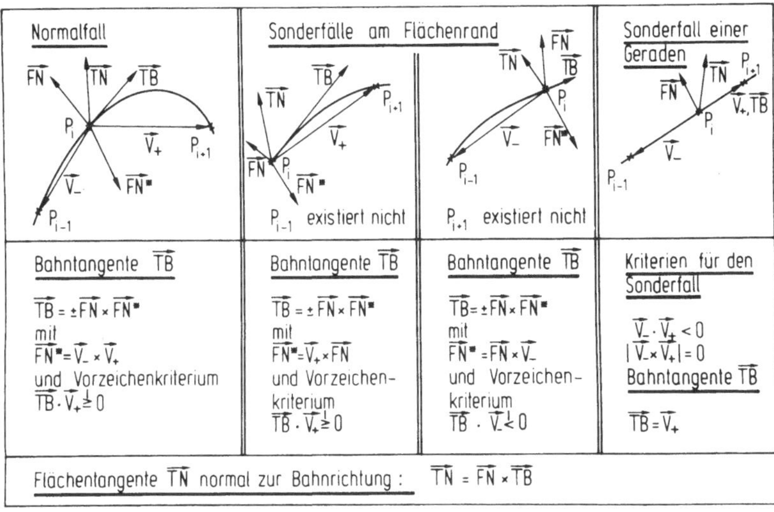

Bild 9.7: Berechnung der Flächentangenten $\overrightarrow{TB}$ in Bahnrichtung und $\overrightarrow{TN}$ normal zur Bahnrichtung

Wird eine Fräsbahn in den genannten Sonderfällen über eine Polynomkurve nach Bild 9.4 beschrieben, ergibt sich durch Differentiation

$$\vec{TB} = \begin{pmatrix} \sum_{j=0}^{l-1} j \, ax_j \, u^{j-1} \\ \sum_{j=0}^{l-1} j \, ay_j \, u^{j-1} \\ \sum_{j=0}^{l-1} j \, az_j \, u^{j-1} \end{pmatrix}$$

mit l als Polynomordnung der Kurve und weiterhin

$$\vec{TN} = \vec{FN} \times \vec{TB}.$$

Um zu einer Bestimmung der **Krümmungsradien r_B und r_N** zu gelangen, kann man von der Gleichung

$$r = \frac{E\,du^2 + 2\,F\,du\,dv + G\,dv^2}{L\,du^2 + 2\,M\,du\,dv + N\,dv^2}$$

für den Krümmungsradius r im Normalschnitt ausgehen. E, F, G, L, M und N sind als Koeffizienten der ersten und zweiten quadratischen Fundamentalform definiert /39/:

$$E = \vec{T_u}^2 \qquad F = \vec{T_u}\,\vec{T_v} \qquad G = \vec{T_v}^2$$

$$L = \vec{T_{uu}}\,\vec{FN^o} \qquad M = \vec{T_{uv}}\,\vec{FN^o} \qquad N = \vec{T_{vv}}\,\vec{FN^o}$$

Die Größen $\vec{T_u}$ und $\vec{T_v}$ wurden bereits unter Berücksichtigung der VDA-Polynomdarstellung bestimmmt. Die Größen $\vec{T_{uu}}$, $\vec{T_{uv}}$ und $\vec{T_{vv}}$ ergeben sich als Ableitung des allgemeinen Tangentenvektors

$$\frac{d\vec{T}}{dt} = \vec{T_u}\,\frac{du}{dt} + \vec{T_v}\,\frac{dv}{dt} \qquad \text{zu:}$$

$$\overrightarrow{T_{uu}} = \begin{pmatrix} \sum_{k=0}^{m-1} \sum_{j=0}^{l-1} j\,(j-1)\, ax_{j,k}\, u^{j-2}\, v^{k} \\ \sum_{k=0}^{m-1} \sum_{j=0}^{l-1} j\,(j-1)\, ay_{j,k}\, u^{j-2}\, v^{k} \\ \sum_{k=0}^{m-1} \sum_{j=0}^{l-1} j\,(j-1)\, az_{j,k}\, u^{j-2}\, v^{k} \end{pmatrix}$$

$$\overrightarrow{T_{uv}} = \begin{pmatrix} \sum_{k=0}^{m-1} \sum_{j=0}^{l-1} j\, k\, ax_{j,k}\, u^{j-1}\, v^{k-1} \\ \sum_{k=0}^{m-1} \sum_{j=0}^{l-1} j\, k\, ay_{j,k}\, u^{j-1}\, v^{k-1} \\ \sum_{k=0}^{m-1} \sum_{j=0}^{l-1} j\, k\, az_{j,k}\, u^{j-1}\, v^{k-1} \end{pmatrix}$$

$$\overrightarrow{T_{vv}} = \begin{pmatrix} \sum_{k=0}^{m-1} \sum_{j=0}^{l-1} k\,(k-1)\, ax_{j,k}\, u^{j}\, v^{k-2} \\ \sum_{k=0}^{m-1} \sum_{j=0}^{l-1} k\,(k-1)\, ay_{j,k}\, u^{j}\, v^{k-2} \\ \sum_{K=0}^{m-1} \sum_{j=0}^{l-1} k\,(k-1)\, az_{j,k}\, u^{j}\, v^{k-2} \end{pmatrix}$$

Nach /38/ läßt sich daraus der Flächenkrümmungsradius in einer beliebigen Tangentenrichtung ableiten, sodaß für den Flächenkrümmungsradius r_B in Fräsbahnrichtung

$$r_B = \frac{E + 2\,F\,(dv^*/du^*) + G\,(dv^*/du^*)^2}{L + 2\,M\,(dv^*/du^*) + N\,(dv^*/du^*)^2}$$

mit

$$\frac{dv^*}{du^*} = \frac{E\,\overrightarrow{TB^o}\,\overrightarrow{T_v} - F\,\overrightarrow{TB^o}\,\overrightarrow{T_u}}{G\,\overrightarrow{TB^o}\,\overrightarrow{T_u} - F\,\overrightarrow{TB^o}\,\overrightarrow{T_v}}$$

und für den Flächenkrümmungsradius r_N normal zur Bahnrichtung

$$r_N = \frac{E + 2\,F\,(dv^{**}/du^{**}) + G\,(dv^{**}/du^{**})^2}{L + 2\,M\,(dv^{**}/du^{**}) + N\,(dv^{**}/du^{**})^2}$$

mit

$$\frac{dv^{**}}{du^{**}} = \frac{E\,\overrightarrow{TN^o}\,\overrightarrow{T_v} - F\,\overrightarrow{TN^o}\,\overrightarrow{T_u}}{G\,\overrightarrow{TN^o}\,\overrightarrow{T_u} - F\,\overrightarrow{TN^o}\,\overrightarrow{T_v}}$$

gilt. Besitzt der Nenner des Ausdrucks dv^*/du^* den Wert Null, kann von einer v-Parameterlinie als Fräsbahn ausgegangen werden. Die Gleichungen für die Flächenkrümmungsradien lassen sich in diesem Fall zu

$$r_B = \frac{G}{N} \quad \text{und} \quad r_N = \frac{E\,G^2 - F^2\,G}{L\,G^2 - 2\,F\,G\,M + F^2\,N}$$

umformen. Eine u-Parameterlinie als Fräsbahn läßt sich daran erkennen, daß der Zähler des Ausdrucks dv^*/du^* den Wert Null annimmt. Vereinfachend ergibt sich dann:

$$r_B = \frac{E}{L} \quad \text{und} \quad r_N = \frac{E^2\,G - E\,F^2}{E^2\,N - 2\,E\,F\,M + L\,F^2}$$

Unabhängig von den obigen Sonderfällen folgt im Fall, daß der Nenner des Ausdrucks dv^{**}/du^{**} den Wert Null hat, für den Radius r_N:

$$r_N = \frac{G}{N}$$

9.3.3 Erzeugen von Fräsbahnpunkten aus einer Kurvenbeschreibung

Die VDAFS Version 2.0 eröffnet die Möglichkeit, Kurven auf einer Fläche zu beschreiben. Für die Erzeugung von Fräsbahnpunkten bieten sich grundsätzlich zwei Möglichkeiten an. Bei der ersten Möglichkeit wird abhängig von einer Linearisierunstoleranz mit einem iterativen Algorithmus - hier ist eine Anzahl verschiedener Verfahren bekannt - eine Folge nicht äquidistanter Bahnpunkte erzeugt. Diese Lösung ist nicht echtzeitfähig und bietet sich daher nur für den Bereich des Programmiersystems an. Als zweite Möglichkeit soll das Erzeugen äquidistanter Bahnpunkte mit geringem Abstand betrachtet werden.

Für die vorgeschlagene Lösung ist die Kenntnis einiger Größen notwendig. Die über einen Timer festgelegte Interpolationstaktzeit T_{Int} ist als Systemgröße in der NC vorhanden. Die Vorschubgeschwindigkeit v_B im Eingriffspunkt ist im NC-Programm definiert. Die Länge l_K einer Kurve mit einem Segment bzw. die Längen $l_{K,i}$ der Kurvensegmente einer Kurve mit mehr als einem Segment sind als zusätzliche Information im NC-Programm erforderlich. Grundsätzlich sind nur Polynomkurven zugelassen, deren Koeffizienten so bestimmt sind, daß ein konstanter Zuwachs δs_K des globalen Kurvenparameters s_K bei einer Kurve mit einem Segment einem konstanten Wert δl_K und bei einer Kurve mit mehreren Segmenten innerhalb eines Segments einem konstanten Wert $\delta l_{K,i}$ entspricht.

Damit läßt sich der Zuwachs δs_K für jeden Zeitabschnitt der Länge T_{Int} herleiten; für den einfachen Fall einer Kurve mit einem Segment, auf der von $s_K = 0$ bis $s_K = 1$ interpoliert werden soll, gilt beispielsweise:

$$\delta s_K = \frac{T_{Int}\ v_B}{l_K}$$

Für den aktuellen Wert s_K folgt daher:

$$s_K = i\ \delta s_K \quad \text{mit } i = 0, \ldots, n \quad \text{und } n = \frac{1}{\delta s_K} = \frac{l_K}{T_{Int}\ v_B}$$

Für jeden Interpolationstakt kann über den aktuellen Wert von s_K der nächste, interne NC-Satz erzeugt und der Geometriedatenverarbeitung übergeben werden. Ist die Interpolationstaktzeit T_{Int} kleiner als die minimale Satzfolgezeit $T_{S,min}$ der NC-Datenverwaltung und -aufbereitung, wird in der obigen Lösung ein Wert T_{Int}^* benutzt, für den gilt:

$$T_{Int}^* = n\ T_{Int} \geq T_{S,min}$$

Mit dieser Lösung wird die zweistufige Interpolation einer Polynomkurve mit Grob- und Feininterpolation in die Steuerung eingebracht.

10 Realisierung im Rahmen eines Steuerungssystems für Werkzeugmaschinen und Roboter

Die in dieser Arbeit vorgestellten Lösungen für eine On-line-Fräsergeometriekorrektur und eine Schruppbearbeitung unter Berücksichtigung eines Offsets sowie die Anbindung der NC an eine VDA-Flächenschnittstelle sind im Rahmen eines neuen Steuerungskonzepts zu sehen, das gleichermaßen für die Anwendung bei Werkzeugmaschinen und Robotern gedacht ist. Im Bereich der Werkzeugmaschinen werden die fünfachsigen Fräsmaschinen besonders berücksichtigt.

10.1 Gesamtkonzept des Steuerungssystems

10.1.1 Funktionales Konzept

Bereits in Abschnitt 2.4 wurden die drei Hauptebenen einer heutigen numerischen Steuerung für das fünfachsige Fräsen aufgezeigt: Geometriedatenverarbeitung, NC-Datenverwaltung und -aufbereitung sowie Bedienungs- und Steuerdatenein- und -ausgabe. Das für das neue Steuerungssystem entwickelte funktionale Konzept wird aus Bild 10.1 ersichtlich.

Die Geometriedatenverarbeitung enthält die bekannten Funktionen Interpolation, Rückwärtstransformation und Lageregelung. Die Interpolation wird um die für Robotersteuerungen typische Zirkularinterpolation im Raum erweitert. Der Geometriedatenverarbeitung wird eine Sensordatenverarbeitung zugeordnet, die an verschiedenen Stellen innerhalb der Geometriedatenverarbeitung eingreift und die Verwendbarkeit des Steuerungssystems für Roboter sicherstellt.

Auf der funktional gleichen Hierarchieebene wie Geometrie- und Sensordatenverarbeitung können die grafikunterstützte Simulation von Fertigungsvorgängen und Bewegungsabläufen sowie die rechnerische Kollisionskontrolle angesiedelt sein. Abhängig von der Komplexität des jeweiligen Bearbeitungsverfahrens bie-

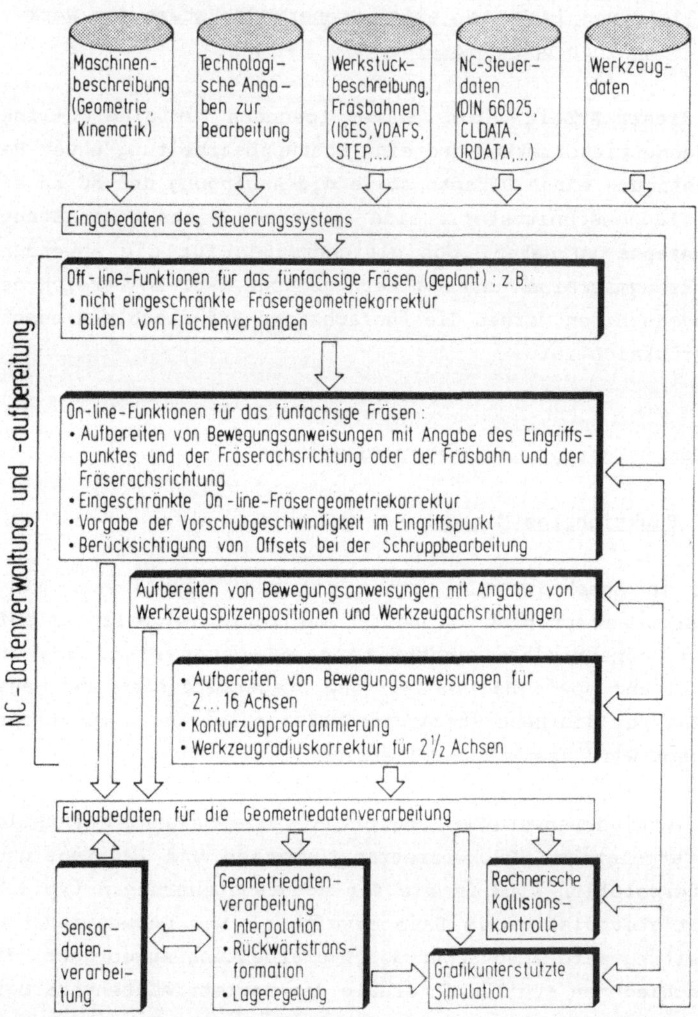

Bild 10.1: Funktionales Konzept eines Steuerungssystems für Werkzeugmaschinen und Roboter unter besonderer Berücksichtigung des fünfachsigen Fräsens

ten sich unterschiedliche Simulationssysteme wie z.B. /31,55/ an. Die Lösung nach /31/ bietet die Möglichkeit, eine grafikunterstützte Simulation auch für das fünfachsige Fräsen direkt in der Steuerung zu implementieren und außerdem mit einer impliziten Kollisionskontrolle bisher nicht berücksichtigte Kollisionspaarungen zu überprüfen. Eine Kollisionskontrolle kann außer im Rahmen einer grafikunterstützten Simulation auch in einer eigenständigen Funktion realisiert sein /56/; beispielhafte Lösungen für eine eigenständige Kollisionskontrolle werden u.a. in /57,58/ beschrieben.

Geometriedatenverarbeitung, grafikunterstützte Simulation und rechnerische Kollisionskontrolle werden von der NC-Datenverwaltung und -aufbereitung versorgt, die gegenüber bisherigen Lösungen wesentlich erweitert ist und vier Ebenen aufweist (Bild 10.1). Den verschiedenen Ebenen bzw. Modulen der NC-Datenverwaltung und -aufbereitung sind unterschiedliche Eingabedaten und Funktionen zugeordnet.

Auf der ersten, untersten Ebene der NC-Datenverwaltung und -aufbereitung ist das Ausführen von Bewegungsanweisungen für zwei bis sechzehn Achsen angesiedelt. Als Eingabedaten sind hierfür NC-Steuerdaten nach DIN 66025 vorgesehen. Die Funktionen Konturzugprogrammierung (z.B. Einfügen von Fasen und Radien) und die Werkzeugradiuskorrektur für $2^1/_2$ Achsen, wie sie in Kapitel 3 beschrieben ist, unterstützen optional Bearbeitungen in einer Hauptebene. Unterprogrammtechnik, Parameterrechnung und eine Bibliothek von vorgegebenen, bearbeitungsspezifischen Unterprogrammen (Zyklen) stellen Beispiele für weitere, heute selbstverständliche Eigenschaften dar. Die Rückwärtstransformation in der Geometriedatenverarbeitung wird bei Benutzung dieser Ebene nicht in Anspruch genommen.

Die zweite, funktional nächsthöhere Ebene der NC-Datenverwaltung und -aufbereitung benutzt die Funktionen der ersten Ebene nicht und versorgt daher direkt die Geometriedatenverarbeitung. Zur Ausführung kommen Bewegungsanweisungen mit Angabe von Werkzeugspitzenposition und Werkzeugachsrichtung. Diese Schnittstelle eignet sich in gleicher Weise für mehrachsige

Werkzeugmaschinen und Roboter. Die neben den Werkzeugdaten benötigten NC-Steuerdaten können entsprechend variieren: neben der DIN 66025 ist für mehrachsige Werkzeugmaschinen optional die direkte Verarbeitung von CLDATA-Programmen vorgesehen und für Roboter die direkte Interpretation von IRDATA-Programmen /59/ realisiert; die Interpretation von IRDATA-Programmen erfolgt on line während der Bearbeitung. Das Modul wird für Werkzeugmaschinen und Roboter unterschiedlich ausgelegt. Die interne Rückwärtstransformation der Geometriedatenverarbeitung erlaubt bei beiden Anwendungen eine Werkzeuglängenkorrektur.

Die dritte Ebene der NC-Datenverwaltung und -aufbereitung ist auf das fünfachsige Fräsen zugeschnitten; das zugehörige Modul beinhaltet die vorgestellte On-line-Fräsergeometriekorrektur in Verbindung mit der Möglichkeit der Offsetbildung für die Schruppbearbeitung und der Vorgabe der Vorschubgeschwindigkeit im Eingriffspunkt. Die in Abschnitt 10.3.3 ausführlich behandelten Möglichkeiten der Programmierung umfassen alternativ:

- modifizierte und erweiterte Steuerdaten in Anlehnung an DIN 66025 oder optional CLDATA **oder**
- modifizierte und erweiterte Steuerdaten mit ergänzenden Flächenbeschreibungen (IGES, VDAFS, STEP o.a.) **oder**
- Vorgabe von Flächenkurven als Fräsbahnen innerhalb des NC-Programms, wenn ergänzend Flächen- und Kurvenbeschreibungen zur Verfügung stehen.

Da die Ausgabeinformationen dieser Ebene, nämlich Positionen der Fräserspitze und Fräserachsrichtungsvektoren, bereits den Eingabeinformationen der Geometriedatenverarbeitung entsprechen, wird diese wiederum direkt versorgt, um zusätzliche Laufzeitverluste zu vermeiden.

Mit Blick auf langfristige, bereits begonnene Forschungsarbeiten ist eine weitere, vierte Ebene mit Off-line-Funktionen für das fünfachsige Fräsen vorgesehen, die z.B., wie bereits angesprochen, eine nicht eingeschränkte Fräsergeometriekorrektur oder das Bilden von Flächenverbänden umfassen sollen. Als Eingabedaten kommen die Beschreibung der Maschine mit ihrer Kinematik, technologische Anweisungen für die Bearbeitung wie Fräsbahnart oder Fräsbahnrichtung, die Werkstückbeschreibung in Form eines Modells, das die Werkstückflächen und ihren topologischen Zusammenhang beschreibt, und Werkzeugdaten in Betracht (Bild 10.1).

Die Eingabedaten der einzelnen Ebenen der NC-Datenverwaltung und -aufbereitung können, wie gezeigt, je nach Steuerungsanwendung sehr verschiedenartig sein. Weiterhin können die Eingabedaten für die verschiedenen Ebenen fallweise aus der Arbeitsvorbereitung stammen, über die Bedienungs- und Steuerdatenein- und -ausgabe, auf die in Bild 10.1 nicht mehr eingegangen wird, eingegeben und modifiziert oder von einer übergeordneten NC-Ebene übergeben werden. Die Behandlung der Eingabedaten wird beispielhaft in Abschnitt 10.3.2 an dem Modul für die On-line-Fräsergeometriekorrektur aufgezeigt.

10.1.2 Gerätetechnisches Konzept

Das vorgestellte funktionale Konzept stellt hohe Anforderungen an die Rechenleistung des Steuerungssystems. Um die Möglichkeiten der heutigen Hardware- und Software-Entwicklung optimal zu nutzen, sieht das gerätetechnische Konzept eine Verteilung des Steuerungssystems auf einen NC-Kern und ein intelligentes Bedienungsfeld vor (Bild 10.2).

Als intelligentes Bedienungsfeld wird zunehmend ein Personal Computer (PC) oder eine Hardware mit vergleichbaren Eigenschaften eingesetzt. Für die Verwendung eines Personal Computers sprechen mehrere Gründe:

- Der PC bietet hohe Rechenleistung und umfangreichen Speicherplatz zu einem günstigen Preis.
- Das integrierte Festplattenlaufwerk kommt insbesondere den teilweise umfangreichen Eingabedateien des neuen Steuerungskonzepts entgegen.

- Die Integration käuflicher Software vermindert den Entwicklungsaufwand für steuerungsspezifische Software beträchtlich. So kann z.B. mit vergleichsweise geringem Aufwand durch den Einsatz käuflicher Programme wie GEM (Graphics Environment Manager) oder MS/WINDOWS eine grafikunterstützte, maschinenspezifische Bedienungs- und Programmieroberfläche entwickelt werden.
- Für Personal Computer wird eine Anzahl von Netzkopplungen fertig angeboten.

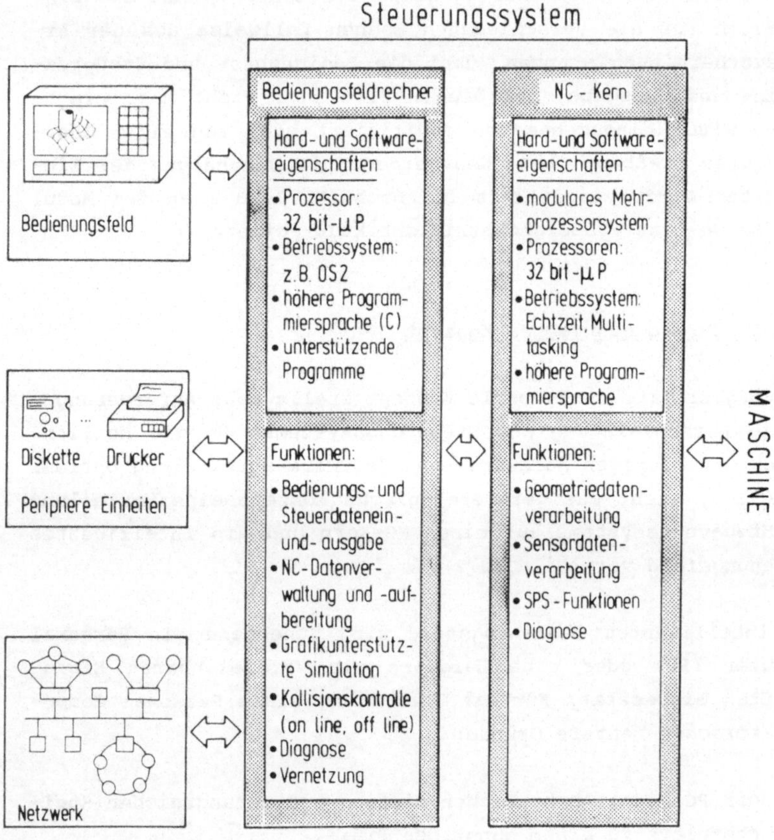

Bild 10.2: Gerätetechnisches Konzept eines Steuerungssystems für Werkzeugmaschinen und Roboter

Die Funktionen Bedienungs- und Steuerdatenein- und -ausgabe sowie Netzkopplung werden demzufolge vorteilhaft in einem intelligenten Bedienungsfeld implementiert. Die Funktionen NC-Datenverwaltung und -aufbereitung, grafikunterstützte Simulation sowie Kollisionskontrolle greifen u.a. auf die umfangreichen Körper- und Flächenbeschreibungen zu, die im Bedienungsfeldrechner zur Verfügung stehen, und werden deshalb zweckmäßigerweise ebenfalls dort eingebracht. Ein zentrales Diagnosemodul wertet Fehlermeldungen sowohl aus dem NC-Kern wie aus dem Bedienungsfeld aus und kann wie die Funktion Bedienungs- und Steuerdatenein- und -ausgabe anwenderfreundlich mit Grafikunterstützung und Dialogen gestaltet werden. Die Integration eines Expertensystems für die Fehlerdiagnose wird diskutiert.

Wird ein PC als Bedienungsfeld eingesetzt, stehen bei heutigen, leistungsfähigen Geräten ein Mikroprozessor Intel 80386 und ein Mathematik-Coprozessor unter einem Multitasking-Betriebssystem wie UNIX oder in Zukunft OS2 zur Verfügung. Für die steuerungsspezifischen Software-Module im Bedienungsfeld bietet sich eine höhere Programmiersprache wie C /60/ an. Die Module sind, soweit erforderlich, mehrkanalig zu konzipieren, um ein paralleles Steuern mehrerer Einheiten, z.B. Maschine und integriertes Handhabungssystem, zu ermöglichen.

Die maschinennahen NC-Funktionen - Geometrie- und Sensordatenverarbeitung sowie SPS-Funktionen - verbleiben auf einer hier als NC-Kern bezeichneten, konventionellen NC-Hardware. Weiterhin können im NC-Kern wieder Diagnosefunktionen angesiedelt sein, die ggf. das zentrale Diagnosemodul im Bedienungsfeld mit Informationen versorgen. Für den NC-Kern wird ein modulares Mehrprozessor-Steuerungssystem vorgesehen. Die Prozessorkarten sind mit einem 32 bit-Mikroprozessor und bedarfsweise einem Mathematik-Coprozessor bestückt. Das Echtzeit-Betriebssystem beherrscht Multitasking und koordiniert das Zusammenspiel der einzelnen Module, für deren Realisierung wiederum eine höhere Programmiersprache bevorzugt wird. Der Datentransfer zwischen den einzelnen Modulen kann nach festgelegten Regeln entsprechend /61/ erfolgen. Soweit sinnvoll, gleichen Puffer zwischen den Modulen rechenzeitbedingte Probleme mit der Datenversorgung aus. Die Geometriedatenverarbeitung ist wiederum mehrkanalig ausgelegt.

Die Verwendung der selben höheren Programmiersprache für den Bedienungsfeldrechner und den NC-Kern ermöglicht bei entsprechenden Anforderungen den Austausch von Softwaremodulen zwischen den beiden Teilsystemen, weiterhin auch die Portierung der Softwaremodule auf eine neue Gerätetechnik, wenn diese in einigen Jahren wieder einen qualitativen Sprung erlebt hat.

Falls ein PC als intelligentes Bedienungsfeld eingesetzt wird, muß er in der sogenannten Industrieausführung besonders gegen Erschütterungen und Schmutz geschützt sein und wird mit dem NC-Kern in einem gemeinsamen Gehäuse untergebracht.

10.2 Realisierung der Werkzeugradiuskorrektur für die Bearbeitung in einer Hauptebene

Die in Kapitel 3 skizzierten Untersuchungen führten zu mehreren Realisierungen einer Werkzeugradiuskorrektur für $2^1/_2$achsige Bearbeitungen. Die Werkzeugradiuskorrektur kann in den ausgeführten Formen grundsätzlich integrierter Bestandteil der NC-Datenverwaltung und -aufbereitung sein oder eine eigenständige NC-Funktion zwischen den Funktionen NC-Datenverwaltung und -aufbereitung einerseits und Geometriedatenverarbeitung andererseits darstellen.

Eine der Realisierungen war für den Einsatz in einer Sondersteuerung für Verzahnungsmaschinen vorgesehen /62/. Da bei den hiermit hergestellten Zahnrädern der Übergangswinkel μ in der Größenordnung von 180° liegt, wurde die wegoptimale Lösungsvariante mit dem Einfügen zusätzlicher Zirkularsätze für Übergangswinkel $\mu > 180^o$ ausgewählt (Bild 3.1).

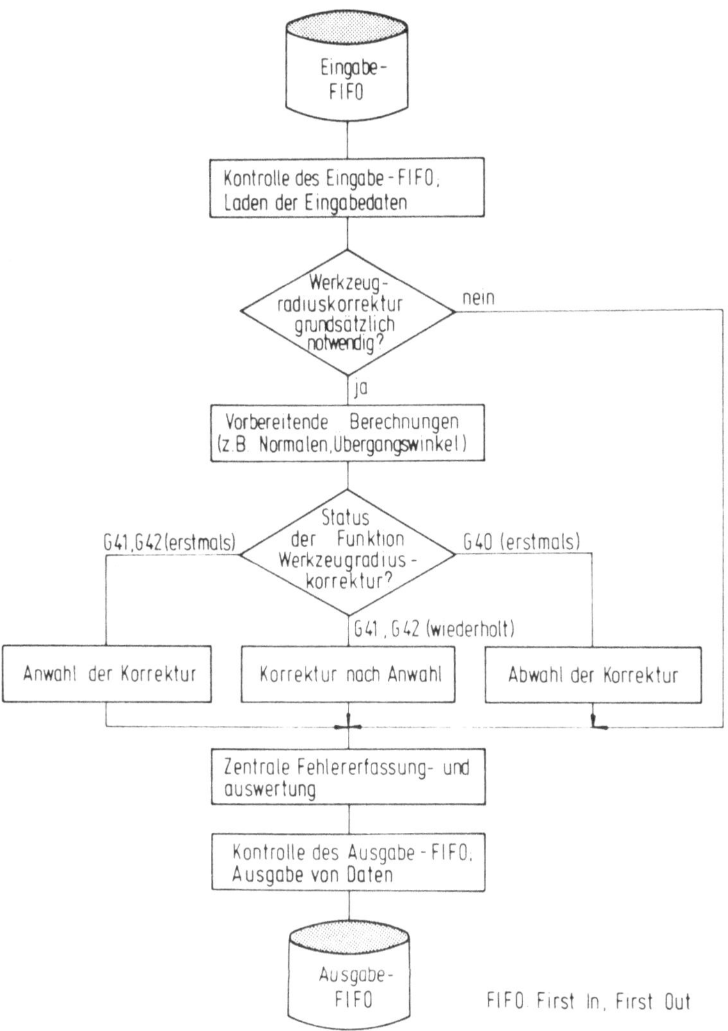

Bild 10.3: Programmgrobstruktur der Werkzeugradiuskorrektur für die $2^1/_2$achsige Bearbeitung

Die Ein- und Ausgabedaten werden bei dieser Lösung jeweils über einen Speicher mit FIFO-Struktur (First In, First Out) übergeben (Bild 10.3). Ein- und Ausgabe-FIFO sind identisch aufgebaut, sodaß das Modul Werkzeugradiuskorrektur ohne Auswirkung auf die sonstige Steuerungssoftware entfallen kann, wenn ein Anwender die Funktion nicht wünscht. Weiterhin sind die E/A-Speicher hinsichtlich Größe und Verwaltung daraufhin ausgelegt, daß zwischen zwei NC-Sätzen mit Weginformation, die die Werkzeugradiuskorrektur für ihre Berechnungen zwingend braucht, eine vorgebbare Anzahl von NC-Sätzen ohne Weginformation programmiert werden darf. Ebenso berücksichtigt die FIFO-Verwaltung das Einfügen von zusätzlichen NC-Sätzen durch die Werkzeugradiuskorrektur.

Der Fehlererkennung wurde große Bedeutung zugemessen. Fehler ereignen sich ausschließlich und in großer Vielfalt durch eine falsche NC-Programmierung. Die Fehlererkennung erfolgt dezentral an dazu geeigneten Stellen der Werkzeugradiuskorrektur und wird am Ende eines Programmdurchlaufs zentral nach Fehlerprioritäten ausgewertet und zur Anzeige gebracht. Es wird zwischen fatalen Fehlern, die einen Programmabbruch auslösen, und Warnungen, die eine weitere Bearbeitung zulassen, unterschieden.

Als allgemeine Lösung wurde für den Einsatz in Sondersteuerungen eine Werkzeugradiuskorrektur entwickelt, die für Übergangswinkel $\mu > 180^{\circ}$ die Lösungsvariante ohne das Einfügen zusätzlicher Zirkularsätze benutzt (Bild 3.1). Das Modul verfügt über eine weitgehend gleiche Programmgrobstruktur wie die obige Lösung. Zusätzlich wurde eine Mehrkanaligkeit des Moduls eingeführt, die es erlaubt, für mehrere Maschinen gleichzeitig eine Werkzeugradiuskorrektur durchzuführen.

10.3 Realisierung des Moduls für die On-line-Fräsergeometriekorrektur für das fünfachsige Fräsen

10.3.1 Programmstruktur des Moduls

Die Programmstruktur des Moduls für die On-line-Fräsergeometriekorrektur (Bild 10.4) gliedert sich in einen Teil, der off

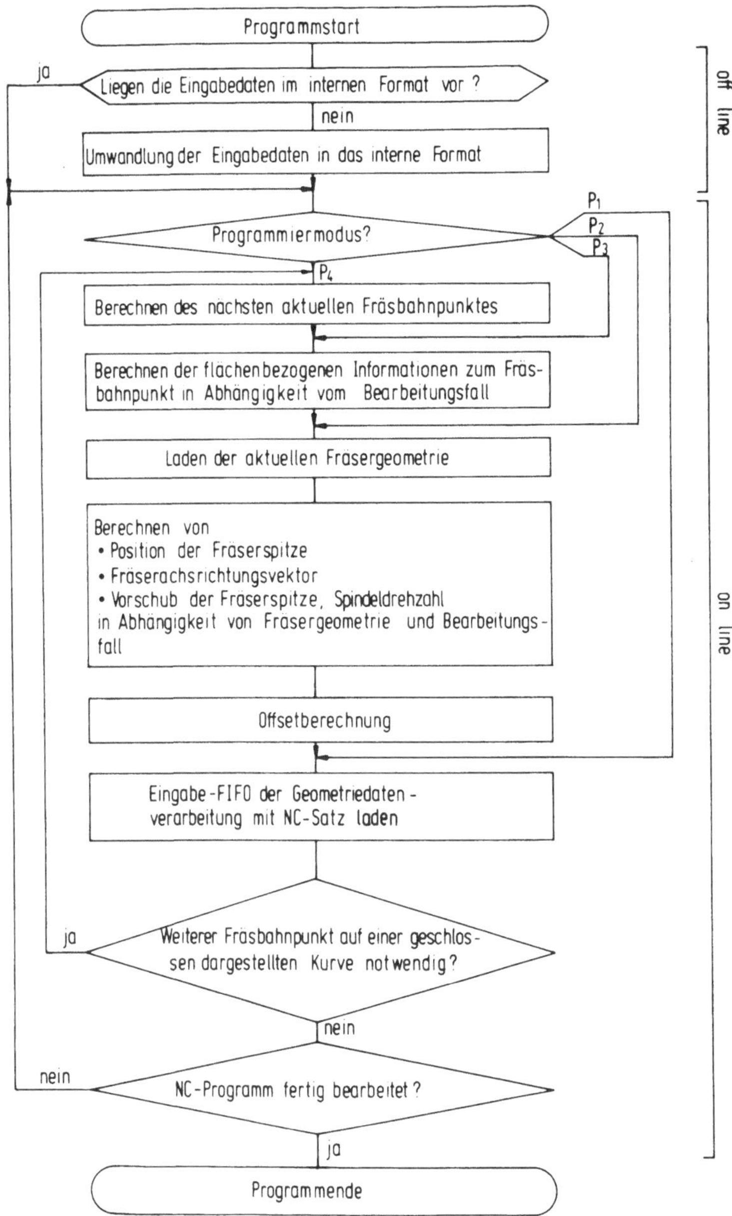

Bild 10.4: Programmstruktur des Moduls für die On-line-Frädergeometriekorrektur

line, und einen Teil, der on line arbeitet. Der erste Teil übersetzt nach Start eines NC-Programms erforderlichenfalls die für dieses Programm benötigten Daten in das vom Modul benutzte, interne Format und erzeugt abschließend den internen Programmstart für den zweiten Teil.

Der Programmablauf des zweiten Teils wird von den in den NC-Steuerdaten angegebenen Faktoren Programmiermodus (Bild 10.5) und Bearbeitungsfall gesteuert. Bei jedem Durchlauf des zweiten Programmteils wird jeweils ein NC-Satz für die Geometriedatenverarbeitung erzeugt und an sie übergeben. Das Modul ist nur einkanalig ausgelegt, da eine gleichzeitige Steuerung von zwei mehrachsigen Fräsmaschinen nicht zu erwarten ist.

Kennung im NC-Satz	Programmiermodus
P1	NC-Steuerdaten nach DIN 66025 (Positionen der Fräserspitze P(x,y,z) und Fräserachsrichtungsvektoren $\vec{Q}$ (i,j,k)); keine Fräsergeometriekorrektur (Standard)
P2	NC-Steuerdaten in Anlehnung an die DIN 66025 (Eingriffspunkte P(x,y,z), flächenbezogene Informationen); Möglichkeit der Fräsergeometriekorrektur
P3	NC-Steuerdaten in Anlehnung an die DIN 66025 (Eingriffspunkte P(u,v)) und ergänzende Flächenbeschreibungen nach VDAFS; Möglichkeit der Fräsergeometriekorrektur
P4	NC-Steuerdaten in Anlehnung an die DIN 66025 (Angabe von Flächenkurven als Fräsbahnen) und ergänzende Flächen- und Kurvenbeschreibungen nach VDAFS; Möglichkeit der Fräsergeometriekorrektur

Bild 10.5: Übersicht über die realisierten Programmiermodi und ihre Kennzeichnung in einem NC-Satz

10.3.2 Behandlung der Ein- und Ausgabedaten

Eine gesonderte Betrachtung soll der Behandlung der Ein- und Ausgabedaten des Moduls gelten (Bild 10.6).

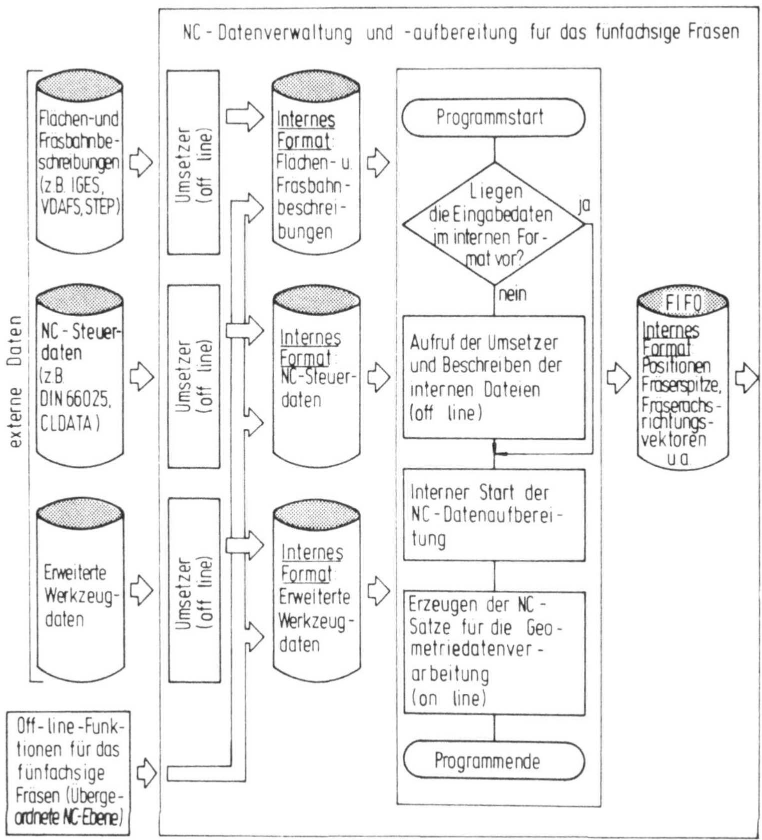

Bild 10.6: Prinzip der Dateneingabe und -ausgabe des Moduls für die On-line-Fräsergeometriekorrektur

Die für das Modul wesentlichen Eingabedateien (Flächen- und Kurvenbeschreibungen, NC-Steuerdaten und erweiterte Werkzeugdaten) können bei externer Versorgung aus der Arbeitsvorbereitung oder bei Eingabe über die Bedienungs- und Steuerdatenein- und -ausgabe als Quelldaten in sehr unterschiedlicher Form vorliegen. Alle Daten für ein bestimmtes NC-Programm werden daher bei Start dieses Programms zunächst off line in ein internes Format übersetzt. Dabei ergeben sich folgende Vorteile:

- verhältnismäßig einfache Anpassung an sich ändernde Arten von Eingabedaten,
- schnellere Programmausführung, da die Daten beim eigentlichen Programmlauf bereits einheitlich im internen Format vorliegen, und
- schnellerer Zugriff auf Flächen- und Kurvenbeschreibungen durch Einführen von Directorys für diese Beschreibungen.

Der eigentliche, interne Start des NC-Programms beginnt erst nach der Datenumwandlung. Ein DNC-Betrieb mit NC-satzweiser Versorgung der NC ist dadurch bedingt nicht möglich. Die aktuellen Werkzeuggeometriedaten können auch noch während des Programmlaufs modifiziert werden.

Bei der Datenversorgung durch die übergeordnete NC-Ebene entfällt die Umwandlung in das interne Format.

Die Ausgabedaten des Moduls werden im Eingabeformat der Geometriedatenverarbeitung NC-satzweise in einem FIFO-Baustein abgelegt.

10.3.3 Programmierung beim fünfachsigen Fräsen mit On-line-Fräsergeometriekorrektur

In Abschnitt 10.3.2 wurde gezeigt, daß Umsetzungsprogramme eine weitgehende Flexibilität hinsichtlich der Art der Eingabedaten ermöglichen. Bei der hier dargestellten und realisierten Programmierung lehnen sich die NC-Steuerdaten an die DIN 66025 an; Flächen- und Kurvenbeschreibungen werden aus den in Abschnitt 9.2 genannten Gründen entsprechend der VDAFS Version 2.0 vorgegeben. Bei diesen Festlegungen wurden auch folgende Kriterien berücksichtigt:

- Speicherplatzbedarf der Eingabedaten,
- Geschwindigkeit bei der Interpretation durch die NC und
- einfache Realisierbarkeit in der NC.

10.3.3.1 Programmiermodus, Bearbeitungsfall und Fräserbeschreibung

Unter Berücksichtigung dieser grundsätzlichen Festlegungen hängt die Programmierung der NC-Steuerdaten im einzelnen vom Programmiermodus (Bild 10.5) und dem augenblicklichen Bearbeitungsfall (Bild 10.7) ab.

Der Programmiermodus kann in den NC-Steuerdaten mit dem Adreßbuchstaben P und einer Zahl angewählt und der Bearbeitungsfall mit dem Adreßbuchstaben C und einer Zahl angegeben werden. Eine Änderung des Programmiermodus innerhalb eines NC-Programms ist erlaubt, ebenso ist auch eine wiederholte Änderung des Bearbeitungsfalls innerhalb eines NC-Programms möglich.

Kennung im NC-Satz	Bearbeitungsfall
C 1	dreiachsiges Fräsen einer beliebig gekrümmten Fläche
C 2	fünfachsiges Fräsen einer beliebig gekrümmten Fläche
C 3	fünfachsiges Fräsen einer beliebig gekrümmten Fläche unter Berücksichtigung einer Grenzfläche
C 4	fünfachsiges Fräsen entlang einer Schnittlinie Bearbeitungsfläche - Grenzfläche
C 5	fünfachsiges Fräsen einer abwickelbaren Regelfläche
C 6	fünfachsiges Fräsen einer abwickelbaren Regelfläche unter Berücksichtigung einer Grenzfläche
C 7	fünfachsiges Fräsen einer verwundenen Regelfläche
C 8	fünfachsiges Fräsen einer verwundenen Regelfläche unter Berücksichtigung einer Grenzfläche

Bild 10.7: Übersicht über die berücksichtigten Bearbeitungsfälle und ihre Kennzeichnung in einem NC-Satz

Bei dem Programmiermodus P1 ist die Angabe der Position der Fräserspitze und des Fräserachsrichtungsvektors zu finden, wie sie auch auf der funktional untergeordneten, zweiten Ebene der NC-Datenverwaltung und -aufbereitung (Bild 10.1) vorhanden ist. Diese Möglichkeit muß zum einen von dem Modul für die Online-Fräsergeometriekorrektur berücksichtigt werden, um eine

Fräserführung außerhalb der eigentlichen Bearbeitungsflächen zu ermöglichen, zum anderen, da die Ausgabedatei unter Umgehung der untergeordneten Ebene direkt an die Geometriedatenverarbeitung übergeben wird und die Funktionalität dieser Ebene mit übernommen werden soll.

Der verwendete Fräser wird in den NC-Steuerdaten, wie bisher schon üblich, mit dem Adreßbuchstaben T und einer Werkzeugnummer angegeben. Der erweiterte Werkzeugdatenspeicher enthält für den angegebenen Fräser die Frästertypkennung und die vom Fräsertyp abhängigen geometrischen Angaben (Bild 10.8). Die aktuellen Geometrieangaben (Index "akt") können noch während der Bearbeitung geändert werden.

Fräsergeometrieangaben \ Fräsertyp	Schaftfräser ohne Eckenradius	Schaftfräser mit Eckenradius	zylindrischer Gesenkfräser	Kugelkopffräser	Faßfräser	Kegelfräser	kegeliger Gesenkfräser
Fräsertypnummer	1	2	3	4	5	6	7
Fräserlänge l_F	●	●	●	●	●	●	●
Fräserradius $r_{F,min}$, $r_{F,max}$, $r_{F,akt}$	●	●	●	●	●	●	●
Eckenradius $r_{E,min}$, $r_{E,max}$, $r_{E,akt}$		●					
Krümmungsradius $r_{K,min}$, $r_{K,max}$, $r_{K,akt}$					●		
Höhe zwischen Stirnseite und max. Durchmesser $h_{F,min}$, $h_{F,max}$, $h_{F,akt}$					●		
Verrundungsradius $r_{V,min}$, $r_{V,max}$, $r_{V,akt}$							●
Winkel zwischen Horizontale und Mantellinie α_{min}, α_{max}, α_{akt}						●	●

Bild 10.8: Angaben über Fräsertyp und -geometrie im erweiterten Werkzeugdatenspeicher der NC

10.3.3.2 Geometrische Angaben im NC-Programm

Eine Übersicht über die erforderlichen geometrischen Angaben im NC-Programm und die dazu verwendeten Adreßbuchstaben geben die Bilder 10.9 bis 10.12; Programmiermodus und Bearbeitungsfall sind entsprechend den Bildern 10.5 und 10.7 gekennzeichnet. Die Bedeutung eines Adreßbuchstabens kann von Programmiermodus zu Programmiermodus variieren, in Abhängigkeit vom Bearbeitungsfall auch innerhalb eines bestimmten Programmiermodus, da die geringe Anzahl der freien, zur Verfügung stehenden Adreßbuchstaben keine andere Lösung zuläßt. Bei einem Ediervorgang (Modifikation oder Anzeige des NC-Programms) ist daher eine ergänzende Klartextanzeige sinnvoll. Sämtliche geometrischen Angaben sind selbsthaltend, also speichernd wirksam, sodaß die für einen NC-Satz als notwendig aufgeführten Daten lediglich als Maximum anzusehen sind. Je nach Bearbeitungsfall können nicht alle Programmiermodi benutzt werden. Eine Optimierung des Voreilwinkels β in der NC entsprechend Abschnitt 4.2.3 wird nur bei den Programmiermodi P3 und P4 mit vorgegegebenen Flächenbeschreibungen vorgesehen, da beim Programmiermodus P2 eine zusätzliche Vergrößerung des Eingabedatenumfangs notwendig wäre; beim Programmiermodus P1 ist die Möglichkeit der Optimierung prinzipiell nicht vorhanden. Wird eine Optimierung angestrebt, übergibt das Programmiersystem

Bearbeitungsfall	Geometrische Angaben in einem NC-Satz und verwendete Adreßbuchstaben								
	Position der Fräserspitze	Fräserachs-richtungsvektor							
C 1	X,Y,Z								
C 2 - C 8	X,Y,Z	I,J,K							

Bild 10.9: Geometrische Angaben und verwendete Adreßbuchstaben im Programmiermodus P1

Bearbeitungsfall	Geometrische Angaben in einem NC-Satz und verwendete Adreßbuchstaben								
	Fräsbahn- bzw Grundleitlinien-punkt auf der Bearbeitungs-fläche	Scheitelleitlinienpunkt auf der Bearbeitungsfläche	Fräsbahnpunkt auf der Grenz-fläche	Flächennormale im Fräsbahn- bzw. Grundleitlinienpunkt auf der Bearbeitungsfläche	Winkel zwischen den Flächen-normalen in den Endpunkten eines Regelstrahls	Flächenkrümmungradius $r_{N,B}$ der Bearbeitungsfläche	Flächenkrümmungsradius $r_{N,G}$ der Grenzfläche	Fräservoreilwinkel β	Fräserseitwärtswinkel γ
C 1	X,Y,Z			I,J,K					
C 2	X,Y,Z			I,J,K				B	
C 3	X,Y,Z			I,J,K				B	A
C 4	X,Y,Z		U,V,W	I,J,K		E	Q	B	
C 5	X,Y,Z	U,V,W		I,J,K					
C 7	X,Y,Z	U,V,W		I,J,K	E				

Bild 10.10: Geometrische Angaben und verwendete Adreßbuchstaben im Programmiermodus P2

der NC statt eines festen Voreilwinkels (Adreßbuchstabe B) den Minimalwert $\beta_{3,min}$ (Adreßbuchstabe E).

10.3.3.3 Vergleich des Umfangs der NC-Steuerdaten

Für den Vergleich der maximalen Anzahl der geometrischen Angaben pro NC-Satz, die auf den Umfang der NC-Steuerdaten schließen läßt, kann als Basis und zur Definition eines 100 %-Wertes der Programmiermodus P1 mit Angabe der Position der Fräserspitze und des Fräserachsrichtungsvektors benutzt werden (Bild 10.13).

Der Programmiermodus P2 mit einer Erweiterung der DIN 66025 benötigt grundsätzlich mehr Angaben als der Programmiermodus P1, verzichtet aber auf eine zusätzliche Flächenbeschreibung

Bearbeitungsfall	Geometrische Angaben in einem NC-Satz und verwendete Adreßbuchstaben							
	Bearbeitungsfläche	Grenzfläche	Fräsbahnpunkt bzw. Grundleitlinienpunkt auf der Bearbeitungsfläche	Scheitelleitlinienpunkt auf der Bearbeitungsfläche	Fräsbahnpunkt auf der Grenzfläche	Fräservoreilwinkel β (alternativ $\beta_{3,min}$)	Fräserseitwärtswinkel γ		
C 1	X		Y, Z						
C 2	X		Y, Z			B(E)			
C 3	X		Y, Z			B(E)	A		
C 4	X	U	Y, Z		V, W	B			
C 5, C 7	X		Y, Z	J, K					
C 6, C 8	X	U	Y, Z	J, K	V, W				

Bild 10.11: Geometrische Angaben und verwendete Adreßbuchstaben im Programmiermodus P3

Bearbeitungsfall	Geometrische Angaben in einem NC-Satz und verwendete Adreßbuchstaben								
	Bearbeitungsfläche und -kurve (Element CONS)	Anfangswert auf der Kurve (globaler Wert s_k)	Endwert auf der Kurve (globaler Wert s_k)	Längen $l_{k,i}$ der Kurvensegmente	Fräservoreilwinkel β (alternativ $\beta_{3,min}$)	Fräserseitwärtswinkel γ			
C 1	X	Y	Z	I					
C 2	X	Y	Z	I	B(E)				
C 3	X	Y	Z	I	B(E)	A			

Bild 10.12: Geometrische Angaben und verwendete Adreßbuchstaben im Programmiermodus P4

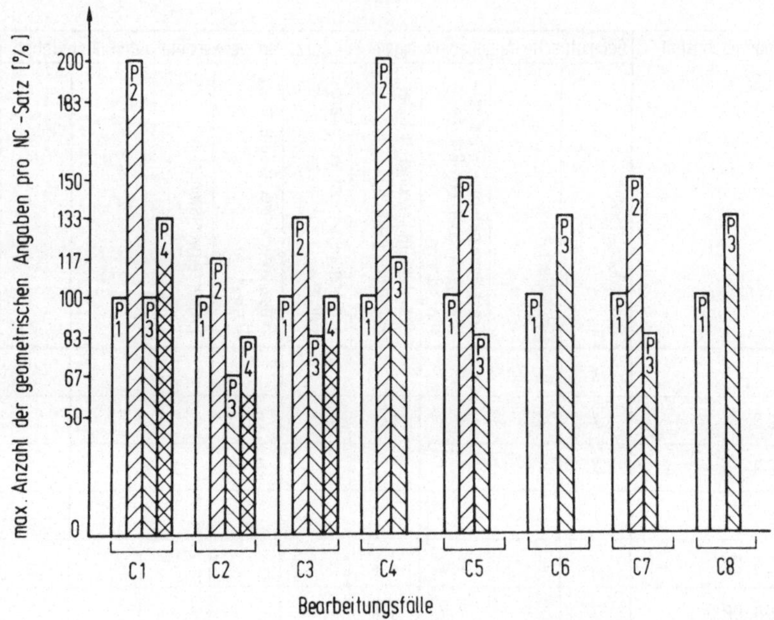

Bild 10.13: Vergleich der Anzahl der geometrischen Angaben pro NC-Satz in Abhängigkeit von Programmiermodus P und Bearbeitungsfall C

und erlaubt eine Fräsergeometriekorrektur bei den meisten Bearbeitungsfällen. Der Programmiermodus P3 bildet bei vorhandenen Flächenbeschreibungen die optimale Lösung, da bei in etwa vergleichbarem Umfang der Angaben eine Fräsergeometriekorrektur für alle Bearbeitungsfälle möglich ist.

In den Sonderfällen der dreiachsigen Bearbeitung oder der fünfachsigen Bearbeitung einer gekrümmten Fläche mit NC-satzweise oder abschnittsweise konstanten Winkeln β und τ kann der Programmiermodus P4 zur Anwendung kommen. Bild 10.13 vergleicht auch hier die Anzahl der geometrischen Angaben in einem NC-Satz (Basis: Kurve mit einem Segment), jedoch kann ein NC-Satz im Programmiermodus P4 zahlreiche NC-Sätze in einem anderen Programmiermodus erübrigen, sodaß dieser Vergleich zu relativieren ist.

10.3.4 Zeitverhalten des Moduls

Neben der Funktionalität des Moduls für die Fräsergeometriekorrektur für das fünfachsige Fräsen spielt sein Zeitverhalten eine wesentliche Rolle. Das Zeitverhalten soll beispielhaft am Bearbeitungsfall C3 - fünfachsiges Fräsen beliebig gekrümmter Flächen unter Berücksichtigung von Grenzflächen - betrachtet werden; bei diesem Bearbeitungsfall können alle Programmiermodi benutzt werden, und er beinhaltet zudem den Bearbeitungsfall C2 - fünfachsiges Fräsen beliebig gekrümmter Flächen. Ausgehend von den Laufzeiten für die Erstrealisierung auf einem Personal Computer mit den Prozessoren Intel 80386/80387 sowie mit 20 MHz Taktfrequenz sollen eine Bewertung vorgenommen und Möglichkeiten für zukünftige Verbesserungen des Zeitverhaltens aufgezeigt werden. Die folgenden Betrachtungen beschränken sich bei Polynomen auf die Ordnungen 3 bis 10, können aber entsprechend ausgeweitet werden.

Der **Programmiermodus P1** - Standardprogrammierung nach DIN 66025 ohne die Möglichkeit der Fräsergeometriekorrektur - stellt die geringsten Anforderungen an das Modul, das hierbei im wesentlichen die Daten aus den internen Eingabedateien liest, ordnet und ohne weitergehende Berechnungen im Ausgabespeicher für die Geometriedatenverarbeitung ablegt. Für diesen Programmiermodus fällt eine Satzfolgezeit von ca. 14 ms an.

Im **Programmiermodus P2** - Programmierung in Anlehnung an die DIN 66025 mit der Möglichkeit der Fräsergeometriekorrektur - kommen zu der Datenein- und -ausgabe als zusätzliche Aufgaben die Berechnung von Größen wie Flächennormale, Flächentangenten in Bahnrichtung und im Normalprofilschnitt, Fräserachsrichtungsvektor und Position der Fräserspitze sowie die Korrektur von Vorschubgeschwindigkeit und Spindeldrehzahl hinzu. Die Funktionalität für den Programmiermodus P1 wird nicht benutzt, sodaß die entsprechende Programmlaufzeit hier nicht zum Tragen kommt. Für den Programmiermodus P2 ergibt sich eine Satzfolgezeit von ca. 18 ms, von denen ca. 8 ms für die verhältnismäßig aufwendige Aufbereitung der Eingabedaten und ca. 10 ms für die verschiedenen Berechnungen benötigt werden.

Bei Anwendung des **Programmiermodus P3** - Programmierung in Anlehnung an die DIN 66025 und ergänzende Flächenbeschreibungen nach VDAFS - kommt als Grundaufwand analog zum Modus P2 wieder eine Laufzeit von 18 ms für die Aufbereitung der Eingabedaten und die oben aufgeführten Berechnungen zum Tragen. Der zusätzliche Rechenzeitaufwand für die Auswertung der Flächenbeschreibung nach VDAFS, im einzelnen für die Berechnung des Eingriffspunktes, der Flächentangenten in u- und v-Richtung sowie der Flächennormale, hängen direkt von der Ordnung der die Fläche beschreibenden Polynome ab:

Ordnung (l=m)	3	4	5	6	7	8	9	10
Rechenzeit/ms	18,3	34,5	55,5	82,5	114,3	150,6	192,0	251,7

Bei einer Polynomordnung 4, wie sie vom Programmiersystem ISWAX5 bei der Eingabe von Geometriebeschreibungen verwendet wird, folgt z.B. insgesamt eine Satzfolgezeit von ca. 52,5 ms.

Die Benutzung des **Programmiermodus P4** - Programmierung in Anlehnung an die DIN 66025 mit der Angabe von Fräsbahnen und ergänzende Flächen- und Kurvenbeschreibungen nach VDAFS - führt zu einer Interpolation der angegebenen Fräsbahn. Der beim Modus P3 aufgeführte Rechenzeitbedarf muß wieder als Grundlast vorausgesetzt werden. Einmalige Berechnungen für die Interpolationsschrittweite und die Anzahl der Interpolationstakte können hinsichtlich der Rechenzeit vernachlässigt werden. Der zusätzliche Rechenzeitaufwand für die Interpolation hängt zum einen von der Ordnung der Polynome ab, die die Beziehung zwischen den globalen Parametern der Kurve und denen der Fläche beschreiben:

Ordnung (l=m)	3	4	5	6	7	8	9	10
Rechenzeit/ms	0,75	1,05	1,35	1,65	1,95	2,23	2,53	3,11

Weiterhin wird im Programmiermodus P4 die Bahntangente direkt aus den Polynomgleichungen der Kurve berechnet, sodaß sich daraus ein zusätzlicher Rechenzeitbedarf ergibt:

Ordnung (l=m)	3	4	5	6	7	8	9	10
Rechenzeit/ms	1,04	1,49	1,97	2,45	2,90	3,38	3,83	4,67

Wird auch hier wie im obigen Beispiel für alle Polynomgleichungen eine Ordnung 4 angenommen, beträgt die gesamte Satzfolgezeit ca. 55,04 ms.

Die bei der Erstrealisierung festgestellten Satzfolgezeiten können für die Programmiermodi P1 und P2 als gut bezeichnet werden. Für die Programmiermodi P3 und P4 liegen die Satzfolgezeiten bei einer Polynomordnung 4 noch in dem Bereich heutiger Standardsteuerungen, für höhere Polynomordnungen wird dieser jedoch noch überschritten. Für die weitere Entwicklung sind daher bei den systemtechnischen Rahmenbedingungen und den Programmen selbst mehrere Maßnahmen vorgesehen, die eine wesentliche Verbesserung des Zeitverhaltens zur Folge haben.

Eine erste Maßnahme bei den systemtechnischen Rahmenbedingungen bildet der Übergang auf Personal Computer mit 25 MHz Taktfrequenz, die zur Zeit eingeführt werden und die die angegebenen Laufzeiten pauschal um 20 % verringern. Eine weitere, noch nicht quantifizierbare Verbesserung würde sich durch einen für den Intel 80386/80387 optimierten Code ergeben; der für die Programmerstellung verwendete Compiler erzeugte lediglich Code für den Intel 80286/80287. Schließlich ist grundsätzlich eine Verteilung der erstellten Programme und der damit verbundenen Laufzeiten auf mehrere Prozessoren unter Einbezug der Prozessoren im NC-Kern möglich.

Bei den Programmen der Fräsergeometriekorrektur selbst sind zwei Änderungen geplant. Eine wesentliche Maßnahme betrifft die optimierte Berechnung von Polynomen in den Programmiermodi P3 und P4; dabei wird durch die einmalige Berechnung mehrfach vorkommender Ausdrücke die Anzahl der Multiplikationen gegenüber einer konventionellen Programmierung wesentlich verringert (Bilder 10.14 bis 10.16) und eine entsprechende Reduzierung der Rechenzeit für die Polynomberechnungen erzielt. Eine weitere Änderung besteht in der Umstellung der Ein- und Ausgabedaten von ASCII- auf binäre Darstellung; der schnelleren Bearbeitung des Binärformats wird gegenüber der besseren Lesbarkeit des ASCII-Formats der Vorzug gegeben.

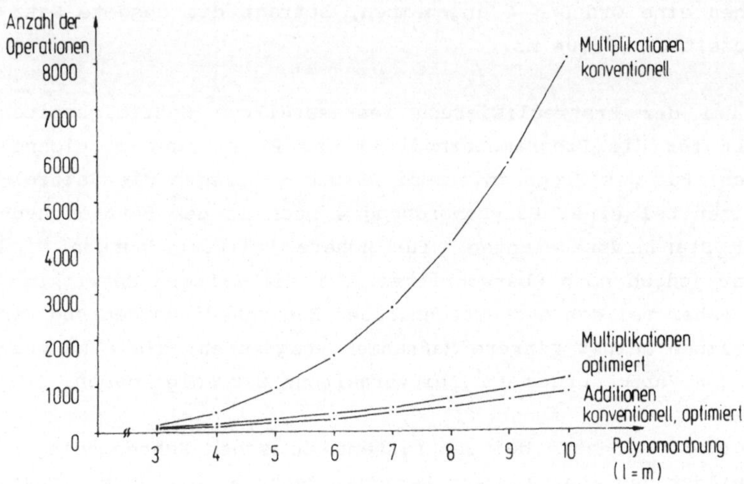

Bild 10.14: Polynomberechnungen bei konventioneller und optimierter Programmierung im Programmiermodus P3 (Bearbeitungsfall C3)

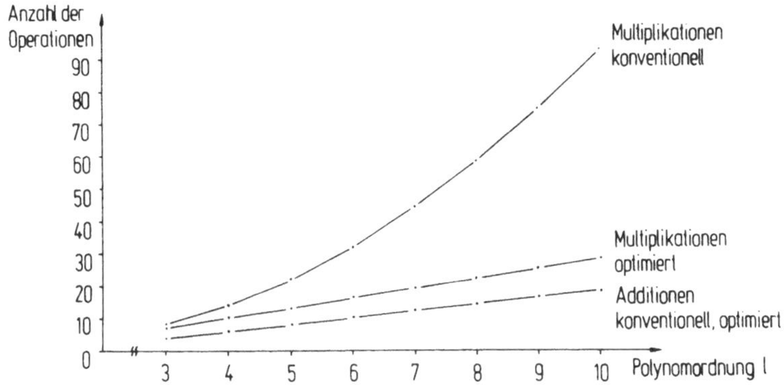

Bild 10.15: Polynomberechnungen bei konventioneller und optimierter Programmierung im Programmiermodus P4 (Bearbeitungsfall C3); hier: Polynome für die Beziehung zwischen den Parametern von Kurve und Fläche

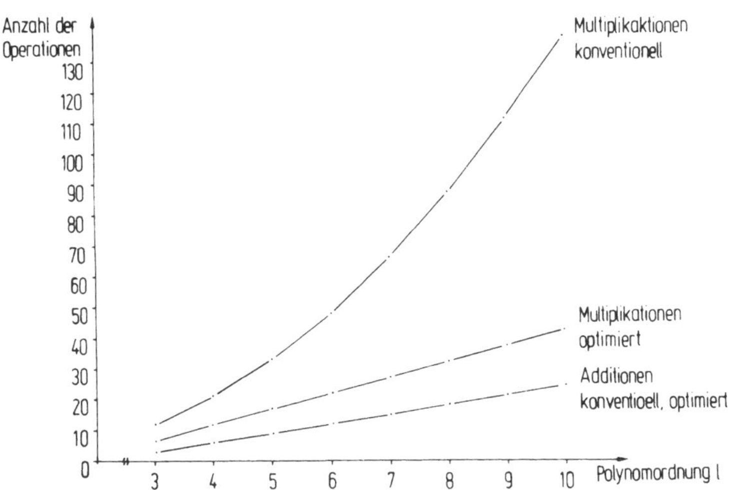

Bild 10.16: Polynomberechnungen bei konventioneller und optimierter Programmierung im Programmiermodus P4 (Bearbeitungsfall C3); hier: Berechnung der Bahntangenten

11 Zusammenfassung

Vor dem Hintergrund der Technologie des fünfachsigen Fräsens, der Struktur einer Gesamtlösung und der Wirkungsweise eines Programmiersystems geht die Arbeit auf die Leistungsfähigkeit heutiger numerischer Steuerungen für das fünfachsige Fräsen ein und formuliert für die NC neben allgemeinen, aktuellen Forderungen wie Geschwindigkeit und geringer Umfang der Eingabedaten als spezielle, vom Anwender mit hoher Priorität genannte und bisher weitestgehend unerfüllte Forderungen eine On-line-Fräsergeometriekorrektur, die den Einsatz von Fräsern mit kleinen Abweichungen von der Nenngeometrie erlaubt (Schwesterwerkzeuge, verschleißbehaftete oder nachgeschliffene Fräser), sowie die Möglichkeit, zusätzliche Schruppzyklen unter Berücksichtigung eines Offsets definieren zu können. Im Rahmen der Komplettbearbeitung sind dabei auch das $2^1/_2$achsige und das dreiachsige Fräsen zu berücksichtigen.

Die Funktion einer allgemeinen Werkzeugradiuskorrektur für die $2^1/_2$achsige Bearbeitung ist bereits bekannt. Betrachtungen und Lösungen aus heutiger Sicht werden den Schwerpunkten der Arbeit vorangestellt.

Die erarbeiteten Lösungen einer On-line-Fräsergeometriekorrektur für das fünfachsige Fräsen gliedern sich entsprechend den Bearbeitungsfällen: Bearbeitung beliebig gekrümmter Flächen, Bearbeitung beliebig gekrümmter Flächen unter Berücksichtigung einer Grenzfläche und Bearbeitung einer Regelfläche, wiederum ohne und mit Berücksichtigung einer Grenzfläche. Der Einsatz unterschiedlicher Fräsertypen erfordert eine zusätzliche Differenzierung der Bearbeitungsfälle.

Für ein optimales Ergebnis hinsichtlich der Oberflächengenauigkeit der bearbeiteten Flächen sind bei Einsatz der Fräsergeometriekorrektur für das Programmiersystem Modifikationen bezüglich der Fräsbahnberechnung und der Kollisionbetrachtung erforderlich; hierzu werden detaillierte Vorschläge unterbreitet. Die Fräsergeometriekorrektur für das fünfachsige Fräsen kann jedoch unabhängig davon eingesetzt werden, ob das Programmiersystem in der genannten Weise modifiziert ist oder nicht. Für beide Fälle werden die resultierenden Oberflächengenauigkeiten und Bearbeitungszeiten untersucht und die Einsatzmöglichkeiten der Fräsergeometriekorrektur aufgezeigt und bewertet.

Für das dreiachsige Fräsen wird aus der Fräsergeometriekorrektur für das fünfachsige Fräsen eine entsprechende, vergleichbare Lösung abgeleitet. Weiterhin wird auf der Basis der für die Fräsergeometriekorrektur zur Verfügung stehenden Daten die Möglichkeit erläutert, in bestimmten Bearbeitungsfällen zusätzliche Schruppzyklen unter Berücksichtigung eines Offsets definieren zu können.

Die Lösungen für das mehrachsige Fräsen bedingen eine Erweiterung und Modifikation der Schnittstelle Programmiersystem - Steuerung, insbesondere die zusätzliche Angabe verschiedener flächenbezogener Informationen. Alternativ zu einer Erweiterung der DIN 66025 bietet sich die ergänzende Verwendung einer Geometrieschnittstelle an. Die Arbeit geht auf verschiedene der heute bekannten Geometrieschnittstellen ein und beschreibt die Auswertung der Flächen- und Bahndefinitionen der ausgewählten Geometrieschnittstelle VDAFS Version 2.0.

Die für die aufgeführten Funktionen realisierten beiden Softwaremodule für die allgemeine Werkzeugradiuskorrektur bei $2^1/_2$achsiger Bearbeitung und für die Fräsergeometriekorrektur beim drei- und fünfachsigen Fräsen sollen in Verbindung mit einer neuen Steuerung eingesetzt werden, deren funktionales und gerätetechnisches Konzept die Forderung nach einer "schnellen" Steuerung erfüllt und hier vorgestellt wird. Die Programmstruktur der beiden Module wird erläutert. Weitere Themen bilden bei der Realisierung die Behandlung der Ein- und Ausgabedaten und die verschiedenen, alternativen Möglichkeiten der Programmierung beim mehrachsigen Fräsen mit Fräsergeometriekorrektur; der Umfang der Eingabedaten bei den verschiedenen Programmierarten wird einem Vergleich unterzogen. Den Abschluß dieser Arbeit bilden eine Untersuchung des Zeitverhaltens des Moduls für die Fräsergeometriekorrektur beim drei- und fünfachsigen Fräsen und die Erörterung verschiedener, bereits vorgesehener Maßnahmen zur Verbesserung des Zeitverhaltens.

Schrifttum

/1/ Henning, H. — Fünfachsiges NC-Fräsen gekrümmter Flächen. Berlin, Heidelberg, New York: Springer-Verlag, 1976.

/2/ Damsohn, H. — Fünfachsiges NC-Fräsen. Berlin, Heidelberg, New York: Springer-Verlag, 1976.

/3/ Osofisan, P. B. — Verbesserung des Datenflusses beim fünfachsigen NC-Fräsen. Berlin, Heidelberg, New York: Springer-Verlag, 1979.

/4/ Pritschow, G., Viefhaus, R. — Mehrachsiges NC-Fräsen für die Blechumformung. Tagungsband zum 7. Seminar: Neuere Entwicklungen in der Blechbearbeitung. Stuttgart, 10./11.6.1986.

/5/ Storr, A., Zirbs, J., Hofmeister, W. — CAD/NC-Kopplung - Ziele, Probleme und Lösungen. Technische Rundschau (1987) Nr. 39, S. 138... 143.

/6/ DIN 66215, Blatt 1. Programmierung numerisch gesteuerter Arbeitsmaschinen. CLDATA. Allgemeiner Aufbau und Satztypen. Berlin, Köln: Beuth-Verlag, August 1974.

/7/ DIN 66025, Blatt 1. Programmaufbau für numerisch gesteuerte Arbeitsmaschinen. Allgemeines. Berlin, Köln: Beuth-Verlag, Januar 1983.

/8/ Cuntz, H. Intelligente Funktionsblöcke für numerisch gesteuerte Werkzeugmaschinen. Berlin, Heidelberg, New York: Springer-Verlag, 1981.

/9/ Matthias, E., Sziver, P. CAD und CAM von Raumformen mit dem System EUKLID-OZELOT. Sonderteil Präzisionsfertigungstechnik aus der Schweiz. Werkst. u. Betr. 116 (1983) Nr. 6, S. 12...18.

/10/ Yamazaki, K. CNC-Echtzeitsteuerung für die Bearbeitung doppelt gekrümmter Oberflächen. Tagungsband zu: Internationaler Kongreß Metallbearbeitung (IKM 86), Karl-Marx-Stadt, 12.-15. März 1986.

/11/ Haapaniemi, A., Nagase, H., Fujimoto, M., Hiraoka, H., Kimura, F., Sata, T. Development of a Real Time Numerical Controller for Machining of Sculptured Surfaces. Tagungsband zu: Prolamat 1985, 6th International Conference, Software for Discrete Manufacturing, Paris, 11.-13. Juni 1985.

/12/ Kochan, D., Zehe, K.-H. Improved Intelligence of CNC-Controls for Sculptured Surface Milling. Tagungsband zu: 16th CIRP International Seminar on Manufacturing Systems, Tokyo, 1984.

/13/ Schwegler, H. Fräsbearbeitung gekrümmter Flächen. Berlin, Heidelberg, New York: Springer-Verlag, 1972.

/14/ Henning, H. Die Makrogeometrie gefräster Oberflächen. Essen: Girardet-Verlag. HGF-Kurzberichte (Lose Blatt-Sammlung), Blatt 73/23, 1973.

/15/ Walter, H. Interaktive NC-Programmierung von Werkstücken mit gekrümmten Flächen. Berlin, Heidelberg, New York: Springer-Verlag, 1982.

/16/ DIN 66301 (Entwurf). Rechnergestütztes Konstruieren. Format zum Austausch geogeometrischer Informationen. Berlin: Beuth Verlag, Febr. 1985.

/17/ VDA-Flächenschnittstelle (VDAFS). Version 2.0. Verband der Automobilindustrie e.V. (VDA), Frankfurt, 1986.

/18/ IGES - Initial Graphics Exchange Specification. Version 3.0. National Bureau of Standards, USA, April 1986.

/19/ Grabowski, H., Anderl, R., Glatz, R. CAD/CAM-Schnittstellenproblematik für den Anwender. Tagungsband zu: Fertigungstechnisches Kolloquium (FTK'85), Stuttgart, 10./11. Oktober 1985.

/20/ Keppeler, M. Führungsgrößenerzeugung für numerisch bahngesteuerte Industrieroboter.
Berlin, Heidelberg, New York, Tokyo: Springer-Verlag, 1984.

/21/ Dahmson, H., Eisinger, J. Notwendige Punktdichte bei fünfachsiger Fräsbearbeitung.
Essen: Girardet-Verlag. HGF-Kurzberichte (Lose Blatt-Sammlung), Blatt 71/96, 1971.

/22/ Eisinger, J. Numerisch gesteuerte Mehrachsenfräsmaschinen.
Berlin, Heidelberg, New York: Springer-Verlag, 1972.

/23/ Walter, W. Die Fräserachswinkeländerung als Interpolationskriterium beim fünfachsigen Fräsen.
Essen: Girardet-Verlag. HGF-Kurzberichte (Lose Blatt-Sammlung), Blatt 76/95, 1976.

/24/ Die IBH-Philosophie. Modus Multi Mikroprozessor CNC.
Schwieberdingen: IBH, 1985.

/25/ Stute, G., Klemm, P., Möller, H., Plasch, D., Spieth, U. Verteilte Steuerungseinrichtungen für Fertigungssysteme (MPST-Mehrprozessorsteuersystem). PDV-Bericht. KfK-PDV 192.
Karlsruhe: Kernforschungszentrum Karlsruhe, Sept. 1980

/26/ Storr, A., Walker, B., Frank, H. — Stand und weiterführende Aufgaben bei dem modularen Mehrprozessor-Steuersystem. wt - Z. ind. Fertig. 74 (1984), S. 733...735.

/27/ ATEK 5000/OZELOT. Prospekt. Brugg/Schweiz: Atek NC-Systems, 1987.

/28/ CNC11 COPYMILL. Technische Beschreibung. Turin: Fidia, 1987.

/29/ Coons, S. A. — Surfaces for Computer Aided Design of Space Forms. MAC-TR-41, Project MAC, MIT, 1967.

/30/ Bézier, P.E. — Numerical Control. Mathematics and Applications. London, New York, Sydney, Toronto: John Wiley and Sons, 1972.

/31/ Schmidt, W. — Grafikunterstütztes Simulationssystem für komplexe Bearbeitungsvorgänge in numerischen Steuerungen. Berlin, Heidelberg, New York, London, Paris, Tokyo: Springer-Verlag, 1988.

/32/ GAP-1. Automatische Geometrie in der Ebene. Florenz, Paris: E.C.S. Electronic Control Systems, 1980.

/33/ Sinumerik 3T. Programmieranleitung. Erlangen: Siemens, 1981.

/34/ TNC 151. TNC 155.
Traunreut: Dr. Johannes Heidenhain, 1985.

/35/ Faux, I. D., Pratt, M. J. Computational Geometry for Design and Manufacture.
New York, Chichester, Brisbane, Toronto: John Wiley & Sons, 1979.

/36/ Walter, W. Fräserwegberechnung für fünfachsiges Stirnfräsen gekrümmter Flächen.
Essen: Girardet-Verlag. HGF-Kurzberichte (Lose Blatt-Sammlung), Blatt 79/40, 1979.

/37/ Strubecker, K. Differentialgeometrie II.
Sammlung Göschen, Bd. 1179/1179a, 1968.

/38/ Strubecker, K. Differentialgeometrie III.
Sammlung Göschen, Bd. 1180/1180a, 1969.

/39/ Bronstein, I. N., Semendjajew, K. Taschenbuch der Mathematik.
Zürich, Frankfurt: Verlag Harri Deutsch, 1973.

/40/ Koschnik, G., Zirbs, J. Neuartiges Programmier- und Maschinensystem für die fünfachsige CNC-Bearbeitung.
wt - Z. ind. Fertig. 73 (1983) Nr. 10, S. 641...644.

/41/ Storr, A., Zirbs, J. NC-Programmierung im Formenbau.
wt - Z. ind. Fertig. 77 (1987) Nr. 3, S. 145...149.

/42/ Sielaff, W. Fünfachsiges NC-Umfangsfräsen verwundener Regelflächen. Beitrag zur Technologie und Teileprogrammierung.
Berlin, Heidelberg, New York: Springer-Verlag, 1981.

/43/ Grabowski, H., Glatz, R., Schnittstellen zum Austausch produktdefinierender Daten.
VDI-Z 128 (1986), S. 333...343.

/44/ Smith, B. M. IGES: A Key to CAD/CAM Systems Integration.
IEEE (1983), S. 78...83.

/45/ Digital Representation of Product Definition Data.
ANSI- Standard Y14.26M, Jan. 1981.

/46/ Initial Graphics Exchange Specification (IGES), Version 2.0.
National Bureau of Standards, USA, Febr. 1983.

/47/ Initial Graphics Exchange Specification. Recommended Practices Guide Version 3.0.
National Bureau of Standards, Juni 1985.

/48/ VDA/VDAMA-Flächenschnittstelle (VDAFS). Version 1.0.
Verband der Automobilindustrie e.V. (VDA), Frankfurt, 1983.

/49/ Mund, A. Weichen für den Datenaustausch gestellt. VDA-Flächenschnittstelle.
Industrieanzeiger 107 (1985) Nr. 68, S. 68...70.

/50/ SET Standard d' Echange et de Transfer. Specification Rev. 1.1. Aerospatiale, März 1984.

/51/ Bey, I., Leuridan, J. Europäisches Vorhaben zur Definition von CAD-Schnittstellen. ZwF 81 (1986) Nr. 1, S. 38...42.

/52/ Bey, I., Leuridan, J. ESPRIT Projekt 322: CAD Interfaces. Status Bericht 2. PFT-Bericht. KfK-PFT 121. Karlsruhe: Kernforschungszentrum Karlsruhe, März 1986.

/53/ Bey, I., Leuridan, J. ESPRIT Projekt 322: CAD Interfaces. Status Bericht 3. PFT-Bericht. KfK-PFT 132. Karlsruhe: Kernforschungszentrum Karlsruhe, März 1987.

/54/ Kurzbeschreibung CNC-System ATEK 5000. Brugg/Schweiz: Fa. Atek, Sept. 1986.

/55/ Röhrle, J., Möller, H., Schmidt, W., Viefhaus, R. Neue CNC-Funktionen durch zugeschnittenes Grafiksystem. wt - Z. ind. Fertig. 75 (1985) Nr. 6, S. 359...362.

/56/ Pritschow, G., Viefhaus, R. Workshop Programming Of Numerical Controls. Tagungsband zu: INTERACT'87 (2nd IFIP Conference On Human - Computer Interaction), Stuttgart, 1. - 5.9.1987.

/57/ Frank, H. — Programmier- und Überwachungsfunktionen für teileartbezogene NC-Werkzeugmaschinen.
Berlin, Heidelberg, New York, Tokyo: Springer-Verlag, 1986.

/58/ Pritschow, G., Kayser, K.-H. — Dreidimensionale Echtzeit-Kollisionsüberwachung an Fertigungseinrichtungen.
wt - Z. ind. Fertig. 77 (1987) Nr. 4, S. 201...205.

/59/ VDI 2863, Blatt 1 (Arbeitspapier). VDI-Richtlinien: Programmierung numerisch gesteuerter Handhabungseinrichtungen. IRDATA. Allgemeiner Aufbau, Satztypen und Übertragung.
Berlin: Beuth Verlag, Dez. 1987.

/60/ Kernighan, B. W., Ritchie, D. M. — Programmieren in C.
München, Wien: Carl Hanser Verlag, 1983.

/61/ DIN 66264, Teil 2 (Entwurf). Mehrprozessor-Steuerungssystem für Arbeitsmaschinen (MPST). Regeln für den Informationsaustausch.
Berlin: Beuth Verlag, Jan. 1984.

/62/ Liebherr CNC. Bedienungs- und Programmieranleitung.
Kempten: Liebherr Verzahntechnik, 1985.

ISW Forschung und Praxis

Berichte aus dem Institut für Steuerungstechnik der Werkzeugmaschinen und Fertigungseinrichtungen der Universität Stuttgart

Herausgegeben bis Band 57 von Prof. Dr.-Ing. G. Stute †
ab Band 58 Prof. Dr.-Ing. G. Pritschow

1 D. Schmid, Numerische Bahnsteuerung, 89 S., 1972

2 H. Schwegler, Fräsbearbeitung gekrümmter Flächen, 111 S., 1972

3 J. Eisinger, Numerisch gesteuerte Mehrachsenfräsmaschinen, 90 S., 1972

4 R. Nann, Rechnersteuerung von Fertigungseinrichtungen, 125 S., 1972

5 G. Augsten, Zweiachsige Nachformeinrichtungen, 140 S., 1972

6 B. Karl, Die Automatisierung der Fertigungsvorbereitung durch NC-Programmierung, 121 S., 1972

7 H. Eitel, NC-Programmiersystem, 117 S., 1973

8 E. Knorr, Numerische Bahnsteuerung zur Erzeugung von Raumkurven auf rotationssymetrischen Körpern, 131 S., 1973

9 S. Bumiller, Viskohydraulischer Vorschubantrieb, 123 S., 1974

10 K. Maier, Grenzregelung an Werkzeugmaschinen, 139 S., 1974

11 J. Waelkens, NC-Programmierung, 159 S., 1974

12 E. Bauer, Rechnerdirektsteuerung von Fertigungseinrichtungen, 138 S., 1975

13 H. König, Entwurf und Strukturtheorie von Steuerungen für Fertigungseinrichtungen, 206 S., 1976

14 H. Damsohn, Fünfachsiges NC-Fräsen, 143 S., 1976

15 H. Jetter, Programmierbare Steuerungen, 141 S., 1976

16 H. Henning, Fünfachsiges NC-Fräsen gekrümmter Flächen, 179 S., 1976

17 K. Boelke, Analyse und Beurteilung von Lagesteuerungen für numerisch gesteuerte Werkzeugmaschinen, 106 S., 1977

18 F.-R. Götz, Regelsystem mit Modellrückkopplung für variable Streckenverstärkung, 116 S., 1977

19 H. Tränkle, Auswirkungen der Fehler in den Positionen der Maschinenachsen beim fünfachsigen Fräsen, 103 S., 1977

20 P. Stof, Untersuchungen über die Reduzierung dynamischer Bahnabweichungen bei numerisch gesteuerten Werkzeugmaschinen, 118 S., 1978

21 R. Wilhelm, Planung und Auslegung des Materialflusses flexibler Fertigungssysteme, 158 S., 1978

22 N. Kappen, Entwicklung und Einsatz einer direkten digitalen Grenzregelung für eine Fräsmaschine mit CNC, 123 S., 1979

23 H. G. Klug, Integration automatisierter technischer Betriebsbereiche, 124 S., 1978

24 D. Binder, Interpolation in numerischen Bahnsteuerungen, 132 S., 1979

25 O. Klingler, Steuerung spanender Werkzeugmaschinen mit Hilfe von Grenzregeleinrichtungen (ACC), 124 S., 1979

26 L. Schenke, Auslegung einer technologisch-geometrischen Grenzregelung für die Fräsbearbeitung, 113 S., 1979

27 H. Wörn, Numerische Steuersysteme-Aufbau und Schnittstellen eines Mehrprozessorsteuersystems, 141 S., 1979

28 P. B. Osofisan, Verbesserung des Datenflusses beim fünfachsigen NC-Fräsen, 104 S., 1979

29 J. Berner, Verknüpfung fertigungstechnischer NC-Programmiersysteme, 101 S., 1979

30 K.-H. Böbel, Rechnerunterstützte Auslegung von Vorschubantrieben, 113 S., 1979

31 W. Dreher, NC-gerechte Beschreibung von Werkstücken in fertigungstechnisch orientierten Programmiersystemen, 105 S., 1980

32 R. Schurr, Rechnerunterstützte Projektsteuerung hydrostatischer Anlagen, 115 S., 1981

33 W. Sielaff, Fünfachsiges NC-Umfangfräsen verwundener Regelflächen. Beitrag zur Technologie und Teileprogrammierung, 97 S., 1981

34 J. Hesselbach, Digitale Lageregelung an numerisch gesteuerten Fertigungseinrichtungen, 111 S., 1981

35 P. Fischer, Rechnerunterstützte Erstellung von Schaltplänen am Beispiel der automatischen Hydraulikplanzeichnung, 111 S., 1981

36 U. Ackermann, Rechnerunterstützte Auswahl elektrischer Antriebe für spanende Werkzeugmaschinen, 118 S., 1981

37 W. Döttling, Flexible Fertigungssysteme – Steuerung und Überwachung des Fertigungsablaufs, 105 S., 1981

38 J. Firnau, Flexible Fertigungssysteme – Entwicklung und Erprobung eines zentralen Steuersystems, 112 S., 1982

39 A. Herrscher, Flexible Fertigungssysteme – Entwurf und Realisierung prozeßnaher Steuerungsfunktionen, 103 S., 1982

40 U. Spieth, Numerische Steuersysteme – Hardwareaufbau und Ablaufsteuerung eines Mehrprozessorsteuersystems, 115 S., 1982

41 A. Schimmele, Rechnerunterstützter Entwurf von Funktionssteuerungen für Fertigungseinrichtungen, 106 S., 1982

42 M. Sanzenbacher, NC-gerechte Beschreibung von Werkstücken mit gekrümmten Flächen, 105 S., 1982

43 W. Walter, Interaktive NC-Programmierung von Werkstücken mit gekrümmten Flächen, 112 S., 1982

44 J. Huan, Bahnregelung zur Bahnerzeugung an numerisch gesteuerten Werkzeugmaschinen, 95 S., 1982

45 H. Erne, Taktile Sensorführung für Handhabungseinrichtungen – Systematik und Auslegung der Steuerungen, 111 S., 1982

46 D. Plasch, Numerische Steuersysteme – Standardisierte Softwareschnittstellen in Mehrprozessor-Steuersystemen, 112 S., 1983

47 Z. L. Wang, NC-Programmierung – Maschinennaher Einsatz von fertigungstechnisch orientierten Programmiersystemen, 103 S., 1983

48 J. Schwager, Diagnose steuerungsexterner Fehler an Fertigungseinrichtungen, 121 S., 1983

49 P. Klemm, Strukturierung von flexiblen Bediensystemen für numerische Steuerungen, 113 S., 1984

50 W. Runge, Simulation des dynamischen Verhaltens elektrohydraulischer Schaltungen – Einsatz von geräteorientierten, universellen Simulationsbausteinen, 132 S., 1984

51 H. Steinhilber, Planung und Realisierung von Werkzeugversorgungssystemen für die NC-Bearbeitung, 126 S., 1984

52 R. Ohnheiser, Integrierte Erstellung numerischer Steuerdaten für flexible Fertigungssysteme, 115 S., 1984

53 M. Keppeler, Führungsgrößenerzeugung für numerisch bahngesteuerte Industrieroboter, 125 S., 1984

54 P. Kohler, Automatisiertes Messen mit NC-Werkzeugmaschinen, 129 S., 1985

55 K.-H. Rieger, Rechnerunterstützte Projektierung der Hardware und Software von speicherprogrammierten Steuerungen, 123 S., 1985

56 G. Vogt, Digitale Regelung von Asynchronmotoren für numerisch gesteuerte Fertigungseinrichtungen, 126 S., 1985

57 S. Chmielnicki, Flexible Fertigungssysteme – Simulation der Prozesse als Hilfsmittel zur Planung und zum Test von Steuerprogrammen, 120 S., 1985

58 W. Renn, Struktur und Aufbau prozeßnaher Steuergeräte zur Verkettung in flexiblen Fertigungssystemen, 137 S., 1986

59 K. Harig, Quantisierung im Lageregelkreis numerisch gesteuerter Fertigungseinrichtungen, 113 S., 1986

60 H. Frank, Programmier- und Überwachungsfunktionen für teileartbezogene NC-Werkzeugmaschinen, 115 S., 1986

61 H. Möller, Integrierte Überwachungs- und Diagnose-Systeme für numerische Steuerungen, 131 S., 1986

62 H. Fink, Einsatz speicherprogrammierbarer Steuerungen in der Fertigungstechnik, 126 S., 1986

63 J. Fleckenstein, Zustandsgraphen für SPS – Grafikunterstützte Programmierung und steuerungsunabhängige Darstellung, 139 S., 1987

64 E. Wagner, Steuerungen von Koordinatenmeßgeräten mit schaltenden und messenden Tastsystemen, 133 S., 1987

65 W. Grimm, Diagnosesystem für steuerungsperiphere Fehler an Fertigungseinrichtungen, 143 S., 1987

66 W. Swoboda, Digitale Lageregelung für Maschinen mit schwach gedämpften schwingungsfähigen Bewegungsachsen, 141 S., 1987

67 G. Gruhler, Sensorgeführte Programmierung bahngesteuerter Industrieroboter, 119 S., 1987

68 B. Walker, Konfigurierbarer Funktionsblock Geometriedatenverarbeitung für numerische Steuerungen, 125 S., 1987

69 J. Mayer, Werkzeugorganisation für flexible Fertigungszellen und -systeme, 126 S., 1988

70 R. Lederer, Programmierung von NC-Drehmaschinen mit mehreren Werkzeugschlitten, 120 S., 1988

71 G. Häberle, NC-Musterprogrammierung für die rechnerintegrierte Textilfertigung, 127 S., 1988

72 D. Pfeiffer, Kompensation thermisch bedingter Bearbeitungsfehler durch prozeßnahe Qualitätsregelung 135 S., 1988

73 W. Schmidt, Grafikunterstütztes Simulationssystem für komplexe Bearbeitungsvorgänge in numerischen Steuerungen, 141 S., 1988

74 M. Egner, Hochdynamische Lageregelung mit elektrohydraulischen Antrieben, 147 S., 1988

75 W. Schittenhelm, Konfigurierbares Bedienungssystem für Steuerungen an Fertigungseinrichtungen, 136. S., 1988

76 D. Scheifele, Grafisch dynamische Simulation des Bearbeitungsvorgangs für Doppelschlittendrehmaschinen, 121 S., 1988

77 G. Keuper, Automatisierte Identifikation der Streckenparameter servohydraulischer Vorschubantriebe, 152 S., 1989

78 K.-H. Kayser, Kollisionserkennung in numerischen Steuerungen mit der Distanzfeldmethode, 131 S., 1989

79 R. Viefhaus, Fräsergeometriekorrektur in Numerischen Steuerungen, 157 S., 1989

Die Bände ISW 1 bis ISW 57 sind vergriffen.

Die Bände sind im Erscheinungsjahr und in den folgenden drei Kalenderjahren zu beziehen durch den örtlichen Buchhandel oder durch Lange & Springer, Otto-Suhr-Allee 26–28, 1000 Berlin 10.